Außenhandel mit SAP® GTS

Der Leitfaden für Anwender

Kerstin Velhorst

Willkommen bei Espresso Tutorials!

Unser Ziel ist es, SAP-Wissen wie einen Espresso zu servieren: Auf das Wesentliche verdichtete Informationen anstelle langatmiger Kompendien – für ein effektives Lernen an konkreten Fallbeispielen. Viele unserer Bücher enthalten zusätzlich Videos, mit denen Sie Schritt für Schritt die vermittelten Inhalte nachvollziehen können. Besuchen Sie unseren YouTube-Kanal mit einer umfangreichen Auswahl frei zugänglicher Videos:

https://www.youtube.com/user/EspressoTutorials.

Kennen Sie schon unser Forum? Hier erhalten Sie stets aktuelle Informationen zu Entwicklungen der SAP-Software, Hilfe zu Ihren Fragen und die Gelegenheit, mit anderen Anwendern zu diskutieren:

http://www.fico-forum.de.

Eine Auswahl weiterer Bücher von Espresso Tutorials:

- Ilona Bauer: Preisfindung und Konditionstechniken in SAP® SD
  http://5039.espresso-tutorials.com
- Jürgen Stuber, Jörg Siebert: Umsatzsteuer mit SAP® ERP im internationalen Warenverkehr
  http://4037.espresso-tutorials.de
- Christine Kühberger: Schnelleinstieg in die SAP®-Vertriebsprozesse (SD) *http://5007.espresso-tutorials.com*
- Simone Bär: SAP® Agenturgeschäft (LO-AB): Zentralregulierung, Bonus und Provision *http://5061.espresso-tutorials.com*
- Markus Frey: Schnelleinstieg in SAP® CRM
  http://5197.espresso-tutorials.de/
- Ulrika Garner: SAP® SD – Vertriebsprozesse leicht gemacht
  http://5220.espresso-tutorials.de

Bibliografische Information der Deutschen Bibliothek
Die Deutsche Bibliothek verzeichnet diese Publikation in der Deutschen Nationalbibliografie; detaillierte bibliografische Daten sind im Internet über http://dnb.ddb.de abrufbar.

Kerstin Velhorst
Außenhandel mit SAP® GTS. Der Leitfaden für Anwender

ISBN: 978-3-960126-50-8

Lektorat: Anja Achilles

Korrektorat: Stefan Marschner

Coverdesign: Philip Esch

Coverfoto: iStockphoto.com | © Alija – Nr. 636036276

Satz & Layout: Johann-Christian Hanke

1. Aufl. 2018

URL: *www.espresso-tutorials.de*

Feedback:
Wir freuen uns über Fragen und Anmerkungen jeglicher Art. Bitte senden Sie diese an: *info@espresso-tutorials.com*.

Inhaltsverzeichnis

Vorwort

SAP Global Trade Services (kurz SAP GTS) ist eine Lösung der SAP SE, mittels derer außenhandelsrelevante Geschäfte und Tätigkeiten möglichst sicher und anwenderfreundlich umzusetzen sind. Es ist also naheliegend, dass ein Unternehmen mit SAP GTS im Einsatz zahlreiche Exporte oder Importe abwickelt.

Dieses Buch soll einen Einblick in die Welt von SAP GTS gewähren. Zielgruppe dieses Buches ist der Anwender mit wenigen bis mittleren Kenntnissen im Außenhandel, der einen ersten Eindruck von dieser Komponente gewinnen und verstehen möchte, warum die eine oder andere Eingabe gemacht werden muss und warum das System so arbeitet, wie es arbeitet.

Die Ausfuhrkontrolle stellt einen komplexen Teil der außenwirtschaftlichen Tätigkeiten dar und muss von jedem international agierenden Unternehmen berücksichtigt werden. Das einfache Anklicken vorgegebener Datenfelder ist nicht sinnvoll, da sich die zollrechtlichen Gegebenheiten stetig ändern. Hier können die Veränderungen des Nordkorea-Embargos genannt werden, die Situation mit dem Iran oder das neue Präferenzabkommen mit Kanada. Die aktuelle Presse ist voll davon. Also muss auch der Anwender bis zu einem gewissen Maß im Bilde sein, welche Daten gefordert sind oder wie die Europäische Union den Warenaustausch überhaupt mit bestimmten Ländern sieht. Er ist mit dafür verantwortlich, was in das System eingegeben und an die Zollverwaltung gesendet wird.

Dieses Buch versucht, beides aufzunehmen: Erläuterungen zu den zoll- und außenwirtschaftlichen Belangen sowie zu den Eingaben im System. Letztere werden durch praxisnahe Beispiele und zahlreiche Screenshots aus den Datenbanken der Zollverwaltung und des Bundesamtes für Wirtschaft und Ausfuhrkontrolle erklärt.

Das Buch beginnt mit dem Vorstellen der Ausfuhrverfahren und geht zum Aufbau von SAP GTS und dem Zusammenwirken der GTS-spezifischen Bedingungen über. Es präsentiert Basiswissen zu Warentarifnummern und Güterlisten, um im weiteren Verlauf die einzelnen Prüfungen der Ausfuhrkontrolle durchgehen zu können. Dabei werden Ihnen auch Einstellungen im Customizing vorgestellt, die für das Verständnis hilfreich sein können.

Mit dieser Mischung aus Fachwissen zum Außenhandel und SAP-GTS-Anwenderwissen hoffe ich, eine interessante und informative Lektüre für Sie geschaffen zu haben.

Im Text verwenden wir Kästen, um wichtige Informationen besonders hervorzuheben. Jeder Kasten ist zusätzlich mit einem Piktogramm versehen, das diesen genauer klassifiziert:

Hinweis

Hinweise bieten praktische Tipps zum Umgang mit dem jeweiligen Thema.

Beispiel

Beispiele dienen dazu, ein Thema besser zu illustrieren.

Warnung

Warnungen weisen auf mögliche Fehlerquellen oder Stolpersteine im Zusammenhang mit einem Thema hin.

Gender-Anmerkung

Um den Lesefluss nicht zu beeinträchtigen, wird im vorliegenden Buch bei personenbezogenen Substantiven und Pronomen zwar nur die gewohnte männliche Sprachform verwendet, stets aber die weibliche Form gleichermaßen mitgemeint.

Hinweis zum Urheberrecht

Sämtliche in diesem Buch abgedruckten Screenshots unterliegen dem Copyright der SAP SE. Alle Rechte an den Screenshots hält die SAP SE. Der Einfachheit halber haben wir im Rest des Buches darauf verzichtet, dies unter jedem Screenshot gesondert auszuweisen.

1 Einführung in SAP Global Trade Services

Mit den Global Trade Services, kurz GTS, hat die SAP ein Modul geschaffen, das Unternehmen ein großes Maß an Sicherheit beim Warenaustausch mit anderen Ländern gewährleistet. Basierend auf den bereits vorhandenen Daten, können weitreichende außenhandelsrelevante Vorgänge automatisiert abgearbeitet werden. Einleitend sollen die Grundvoraussetzungen für den Einsatz von GTS sowie die sich daraus ergebenden Vorteile vorgestellt werden.

Im täglichen Arbeitsleben wird eine Vielzahl von Daten generiert, dazu zählen Adress-, Materialstammdaten, Produktionspläne oder Informationen aus Aufträgen oder Angeboten. Sie liegen somit bereits im System vor, und es gilt nun, diese Informationen bestmöglich für weitere Vorgänge zu nutzen. Im Außenhandel werden insbesondere Daten aus Verkaufs- und Einkaufsaktivitäten benötigt und zusätzlich Informationen rund um das Zollwesen im weiteren Sinne. Der konkrete Bedarf eines Unternehmens kann sich dabei sehr von dem anderer unterscheiden. Gründe dafür liegen in der Branche, der Größe, dem Geschäftsfeld oder der Produktionstiefe. Daher ist es möglich, SAP GTS so zu konzipieren, dass es den individuellen Anforderungen eines Unternehmens entspricht. GTS bietet mit vier voneinander unabhängig aktivierbaren Säulen die Option, gezielt die notwendigen Funktionen zu wählen.

Diese vier Teilbereiche sind

- Compliance Management,
- Customs Management,
- Risk Management,
- Electronic Compliance Reporting.

Das *Compliance Management* umfasst alle Funktionen der Kontrolle. Hier sind die Embargoprüfung, die Sanktionslistenprüfung sowie die gesetzliche und die produktbezogene Kontrolle angesiedelt.

Das *Customs Management* übernimmt die Bereiche der Zollabwicklung und der Versandverfahren.

Im *Risk Management* sind die Präferenzkalkulation mit der Verwaltung der Lieferantenerklärungen, die Akkreditivabwicklung sowie der Bereich der Ausfuhrerstattung angesiedelt.

Das *Electronic Compliance Reporting* ist die jüngste Teillösung und für die Daten der Intrastat-Meldungen zuständig.

Die einzelnen Säulen können je nach Bedarf einzeln aktiviert und genutzt werden. In Kapitel 2 soll kurz auf die Arbeitsweisen der Teilbereiche eingegangen werden. Da der Fokus dieses Buches auf der Exportkontrolle im Außenhandel liegt, befassen wir uns vor allem mit den Funktionsweisen und Möglichkeiten des Compliance Managements.

1.1 Ausfuhr mit GTS

Möchte ein Unternehmen regelmäßig Waren ins Ausland liefern, so muss es vielfältige Gesetze, Verbote, Beschränkungen, Vorschriften und Verordnungen beachten. Hinzu kommt die sich stetig ändernde Lage auf der weltweiten wirtschaftlichen und politischen Bühne. Die aktuellen Nachrichten berichten von neuen Handelsbeschränkungen oder Handelsabkommen. Politische Entwicklungen, wie sie derzeit beispielsweise in Nordkorea oder auch in Syrien zu beobachten sind, wirken sich direkt auf den Weltmarkt und somit auf die Geschäfte international agierender Firmen aus. Im November 2017 wurde beispielsweise erstmals ein Embargo gegenüber dem südamerikanischen Land Venezuela erlassen. Dieser zumeist unkalkulierbare Wandel gehört im Außenhandel zum täglichen Brot, ist genau zu beobachten, und die entsprechenden Verordnungen sollten eingehalten werden.

Handelsabkommen bieten neue Chancen, bergen gleichzeitig aber auch Risiken bei der korrekten Umsetzung. Viele dieser Neuerungen, wie z. B. Änderungen in Embargomaßnahmen oder Sanktionslisten, können käuflich erworben und als Stammdaten in das GTS-System eingespielt werden. Dies kann die Arbeit deutlich erleichtern und zugleich helfen, Fehler zu vermeiden.

Bereits eine »einfache« reguläre Ausfuhr von Waren, die keinerlei Beschränkungen unterliegt, muss diverse Stationen durchlaufen. Diese beginnen bei der Bestimmung der Warentarifnummer, gehen weiter mit dem Prüfen einer möglichen Ausfuhrgenehmigungspflicht bzw. von Beschränkungen bei der Einfuhr im Bestimmungsland und enden schließlich mit dem Melden der Ausfuhr beim zuständigen Zollamt.

Die notwendigen Daten dazu können komplett im GTS-System gepflegt werden. Das System lässt sich so einstellen, dass bereits bei Angebots- oder Auftragsanlage Kontrollen und Prüfungen durchgeführt werden und der Anwender über Dialogfenster auf dem Bildschirm über das Sperren oder die Freigabe von Belegen informiert wird.

Die Daten einer Ausfuhr werden an die zuständigen Behörden übermittelt. Die Zollämter sind als Geschäftspartner im GTS eingebunden und erhalten auf elektronischem Weg die Daten der Exportsendung. Diese Kommunikation wird im GTS dokumentiert. Die Antworten der Zollbehörden, z. B. Freigaben, Überlassungen oder auch Fehlermeldungen, können vom Anwender leicht eingesehen und aufgerufen werden.

Mit dem Einsatz von GTS wird dem Anwender somit eine Fülle von Aufgaben abgenommen. Dies kann das System aber nur, wenn es korrekt und stetig gepflegt und aktualisiert wird. Fehler bei den Angaben können schwerwiegende Folgen haben. Außerdem müssen die Mitarbeiter in der Lage sein, die von GTS vorgeschlagenen Werte zu hinterfragen und eventuell eine Änderung anzustoßen. Ein Verstoß, ob unbeabsichtigt, fahrlässig oder gar mit Vorsatz, kann zu drastischen Strafen führen. Diese können einfach monetärer Art sein, im schlimmsten Fall aber auch Haftstrafen nach sich ziehen. Eine Schulung der Mitarbeiter zur Brisanz und den rechtlichen Folgen im Außenhandel ist daher unabdingbar.

Verstöße gegen das Außenwirtschaftsrecht

Verstöße gegen das Außenwirtschaftsrecht und gegen den Unionszollkodex sind keine Kavaliersdelikte! Verstöße und Zuwiderhandlungen, auch ohne Vorsatz oder fahrlässig, können zu drastischen Strafen – von einfacher Geldbuße bis zu Gefängnis – führen.

1.2 Das zweistufige Normalverfahren

Die Ausfuhr ist im Unionszollkodex im *zweistufigen Normalverfahren* verankert. Dieses Verfahren ist die Grundform der Ausfuhranmeldung.

Das zweistufige Normalverfahren spricht zwei Zollämter an, daher sein Name. In der ersten Stufe werden die Daten der Ausfuhranmeldung elektronisch an die Ausfuhrzollstelle gesendet. Nach Überlassung der Waren in das beantragte Zollverfahren findet eine weitere Kontrolle seitens der Ausgangszollstelle an der EU-Grenze statt. Abbildung 1.1 soll dieses Verfahren verdeutlichen.

Der Datenfluss einer Ausfuhranmeldung in chronologischer Reihenfolge ist:

1. Dateneingabe zur geplanten Ausfuhr im Unternehmen.
2. Überprüfen der Daten auf Vollständigkeit, Richtigkeit und Plausibilität durch GTS.
3. Datenübermittlung an die zuständige Ausfuhrzollstelle.
4. Feststellen der Richtigkeit durch die Zollbehörde.

5. Überlassung der Ausfuhranmeldung in das beantragte Verfahren.
6. Übermittlung des Ausfuhrbegleitdokuments auf elektronischem Weg in das System des Antragstellers im PDF-Format.
7. Mit der Überlassung darf die Ware zur Ausgangszollstelle gebracht werden.
8. Ausgangssendungen werden stichprobenartig überprüft.
9. Feststellen der Unbedenklichkeit der Ausfuhr.
10. Sind keine Unstimmigkeiten erkennbar, werden die Waren physisch über die EU-Grenze verbracht.
11. Mit dem Ausgangsvermerk endet der Exportvorgang. Der Ausgangsvermerk dient als Nachweis, dass die Waren tatsächlich die Europäische Union verlassen haben, und ist somit ein Beleg für die umsatzsteuerfreie Lieferung ins Ausland.

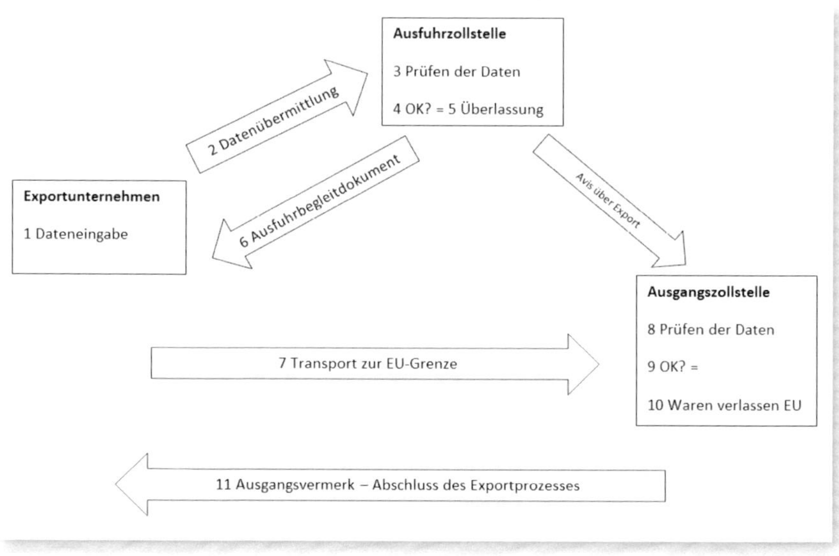

Abbildung 1.1: Schaubild einer Ausfuhr

Diesen Ausfuhrvorgang kann GTS nahezu komplett selbstständig durchführen. Vom Wählen des Ausfuhrverfahrens, je nach hinterlegter Bewilligung, über das Zuordnen von Ausfuhrgenehmigungen bis zum Abgleich mit Sanktionslisten und Embargomaßnahmen. Dazu ist es natürlich erforderlich, die notwendigen Stammdaten im System zu pflegen.

Kenntnisse über den Ablauf des zweistufigen Normalverfahrens sind unbedingt erforderlich, um den Kontrollmaßnahmen gerecht zu werden und den jeweiligen Behörden die notwendigen Daten zu übermitteln oder Genehmigungen zu beantragen und in das System einzupflegen.

Besteht die wirtschaftliche Notwenigkeit, kann ein Unternehmen von dem Ablauf des zweistufigen Normalverfahrens abweichen und unterschiedlich ausgerichtete Vereinfachungen beantragen. Das zuständige Hauptzollamt entscheidet über den Antrag und gibt diesem ggf. nach genauer Prüfung statt.

Bewilligungen im Unionszollkodex UZK

Mit dem im Mai 2016 in Kraft getretenen Unionszollkodex (UZK) werden bis 2019 alle bestehenden Bewilligungen überprüft und neu bewertet.

Ausfuhranmeldung nur für Waren

In einer Ausfuhranmeldung werden nur Waren erfasst; für Dienstleistungen müssen ggf. separat Genehmigungen erteilt werden, sie bedürfen aber keiner Ausfuhranmeldung.

1.3 Datenübertragung an GTS

In der Regel sind im Vertrieb eines Unternehmens mehrere Personen mit der Auftragsanlage betraut. Die von ihnen erfassten Daten aus Anfragen, Angeboten, Aufträgen etc. liegen somit bereits im System vor und müssen »nur« noch an das GTS-System übermittelt werden. Bis hin zur Faktura werden Daten generiert, die dann in GTS zu Belegreplikaten führen. Ein *Belegreplikat* entspricht einer Spiegelung der Eingaben. Dabei sind nicht alle Informationen des Vorsystems für GTS von Bedeutung. Hier kommt nur ein kleiner Teil der Daten an, nämlich nur der für den Export oder Import erforderliche. GTS fungiert dabei wie ein Filter, was Abbildung 1.2 verdeutlichen soll.

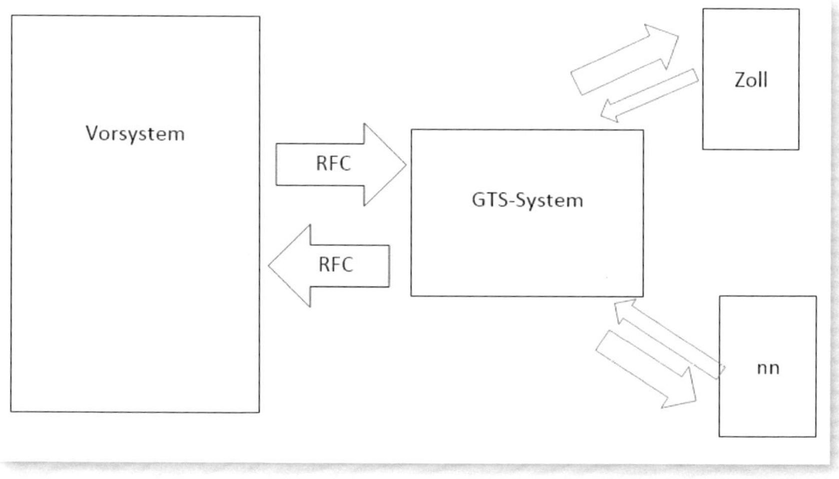

Abbildung 1.2: GTS als Filter

Der Anwender meldet sich an zwei Systemen an. Einem *Vorsystem*, wo die Daten in beispielsweise in Aufträgen erfasst werden, und einem *GTS-System*, welches dann die außenhandelsrelevanten Prüfungen vornehmen kann. Das bedeutet, dass der Anwender Zugangsdaten zu zwei Systemen bekommt, siehe Abbildung 1.3 und Abbildung 1.4. Hier sollen beispielhaft der Mandant *500* das Vorsystem und der Mandant *501* das GTS-System repräsentieren.

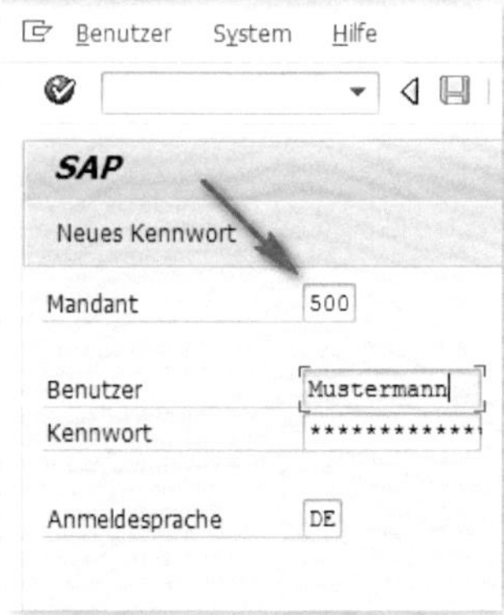

Abbildung 1.3: Anmelden am Vorsystem

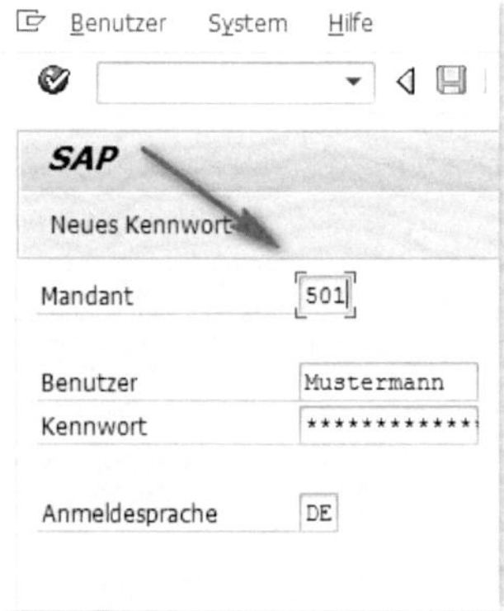

Abbildung 1.4: Anmelden am GTS-System

Anmelden an zwei Systemen

Um mit GTS arbeiten zu können, muss sich der Anwender an zwei Systemen anmelden. Einmal an einem Vorsystem, wo die produktiven Daten (z. B. Aufträge) erzeugt werden, und einem GTS-System. Die Anmeldedaten werden vom Administrator vergeben.

Die für GTS relevanten Belege müssen im Customizing entsprechend gekennzeichnet werden. Je nach Einstellung werden bereits Anfragen und Angebote als Datenquellen verwendet. Spätestens der Auftrag sollte dann als Quelle für einen Zollbeleg definiert werden, wie Sie es anhand von Abbildung 1.5 erkennen können. Im GTS-System werden für die im Vorsystem generierten Belege Gegenstücke erstellt. Nur diese werden dann auch geprüft. Auf der APPLIKATIONSEBENE werden die notwendigen Einkaufs- bzw. Verkaufsbelege gesteuert, also welche Funktionen GTS ausführen soll und welche Daten überhaupt zu prüfen sind. Zum Einkaufsbeleg *MM0A Eingang / Import* zählt beispielsweise die Normalbestellung NB, zum Verkaufsbeleg *SD0A Versendung / Export* der Terminauftrag TA. Diese Zuweisung der Belegarten wird im Customizing festgelegt und kann variieren. Wird ein Eintrag selektiert, z. B. *SD0A*, und es folgt ein Doppelklick auf den Menüpunkt BELEGARTEN, können die Einstellungen zur Steuerung der Belege vorgenommen werden, wie Abbildung 1.5 zeigt.

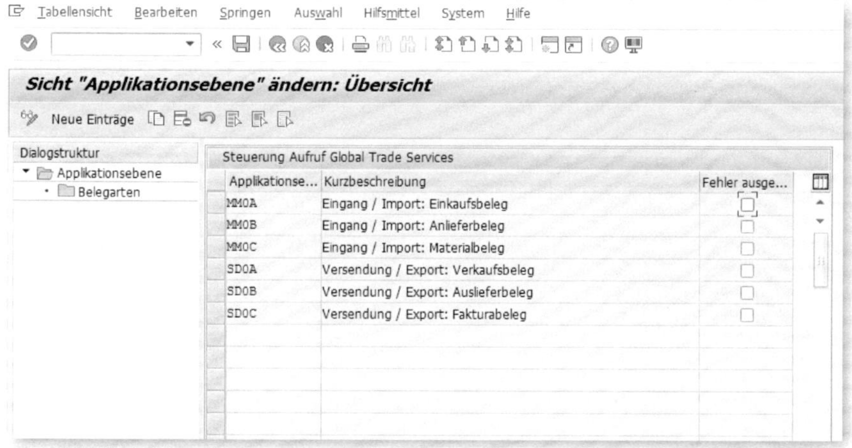

Abbildung 1.5: Auswahl der Verkaufsbelege

Im Customizing werden dann die Einstellungen für das sogenannte *Mapping* vorgenommen. Beim Mapping werden Belegarten ausgewählt und durch Anklicken bestimmter Felder die gewünschten Funktionsbereiche im GTS aktiviert. Mapping bedeutet so viel wie »ein Abbild angelegen«. Abbildung 1.6 zeigt die zur Verfügung stehenden

Steuerungsoptionen. Darüber werden die ausfuhrrelevanten Belege definiert und so gesteuert, dass die entsprechenden Daten an das GTS-System übergeleitet werden.

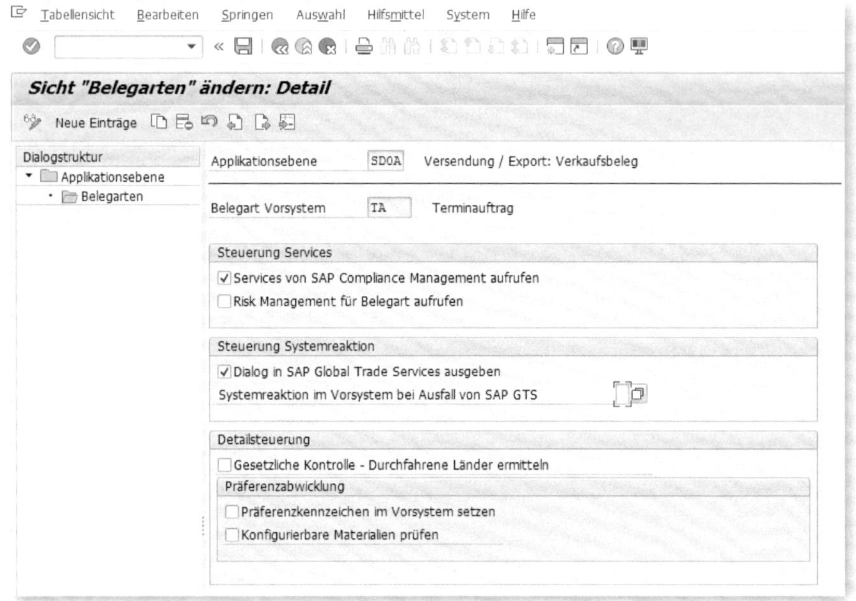

Abbildung 1.6: Sicht »Belegarten ändern«

Ein im SAP-Standard angebotener Verkaufsbeleg, in diesem Fall der *Terminauftrag TA*, wird dann auf Belegebene so gesteuert, dass bei dessen konkreter Anlage die gewünschten Funktionen in GTS aufgerufen werden. In diesem Fall wird im Bereich STEUERUNG SERVICES die Option SERVICES VON SAP COMPLIANCE MANAGEMENT AUFRUFEN aktiviert. Nur wenn der Haken gesetzt ist, findet eine entsprechende Prüfung des Verkaufsbeleges TA in GTS statt. Im Bereich STEUERUNG SYSTEMREAKTION sollte der Haken bei DIALOG IN SAP GLOBAL TRADE SERVICES AUSGEBEN gesetzt werden. Für die Ausfuhrkontrolle könnten so bei einer Routenprüfung die durchfahrenen Länder ermittelt werden, und mit dem Setzen des Hakens bei PRÄFERENZKENNZEICHEN IM VORSYSTEM SETZEN unter PRÄFERENZABWICKLUNG besteht die Möglichkeit, eine ermittelte Präferenz mit Abspeichern des Terminauftrages sofort anzeigen zu lassen. Dazu können Sie den Pfad AUFTRAG • ANZEIGEN • SPRINGEN • POSITION • VERKAUF A nutzen.

Ändern sich im Laufe der Zeit die Geschäftsprozesse, können weitere Funktionalitäten zugeschaltet werden.

1.4 Replikation von Belegen

Wie schon in Abschnitt 1.3 angesprochen, werden aus den Belegen im Vorsystem Gegenstücke in GTS erstellt. So wird aus einem Verkaufsbeleg ein Zollbeleg.

Im Customizing wird bestimmt, welche Art von Replikat produziert wird und welche Funktionen in GTS dieses Replikat übernehmen sollen. Abbildung 1.7 zeigt eine Auswahl möglicher Fakturen, die für GTS genutzt werden können. Neben der üblichen Faktura können gerade für den Außenhandel *Proforma-Rechnungen* von Bedeutung sein. In der Abbildung sehen Sie die BELEGARTEN *F2* sowie *ZGT1* und *ZGT2*. Während die Belegart ZGT1 für die Handelsrechnung steht, wird die ZGT2 als Proforma-Rechnung genutzt.

Letztere kommt zum Beispiel beim kostenlosen Versand von Mustern oder Ersatzteilen zum Einsatz.

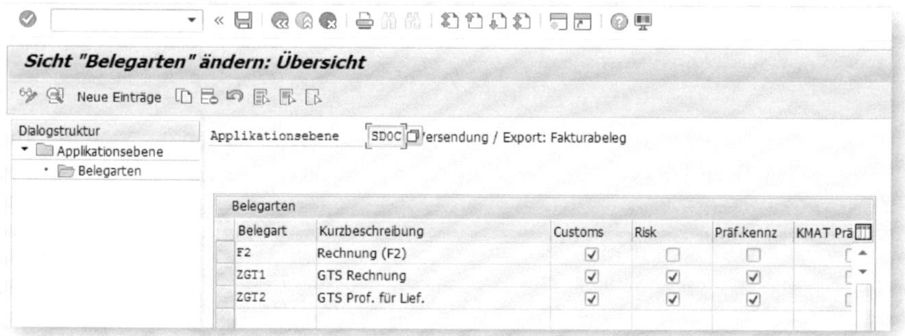

Abbildung 1.7: Auswahl der Faktura-Arten

1.5 RFC – Remote Function Call

Die Übertragung der Daten an das GTS-System erfolgt mittels *Remote Function Calls*, eine SAP-spezifische Variante des Datenaustauschs.

Die RFCs bieten dazu eine Methode, bei der Funktionen eines Systems von einem anderen aufgerufen werden; hier sollen die außenhandelsrelevanten Prüfungen vorgenommen werden. Abbildung 1.8 zeigt die Zuweisung des RFCs im GTS-Mandanten.

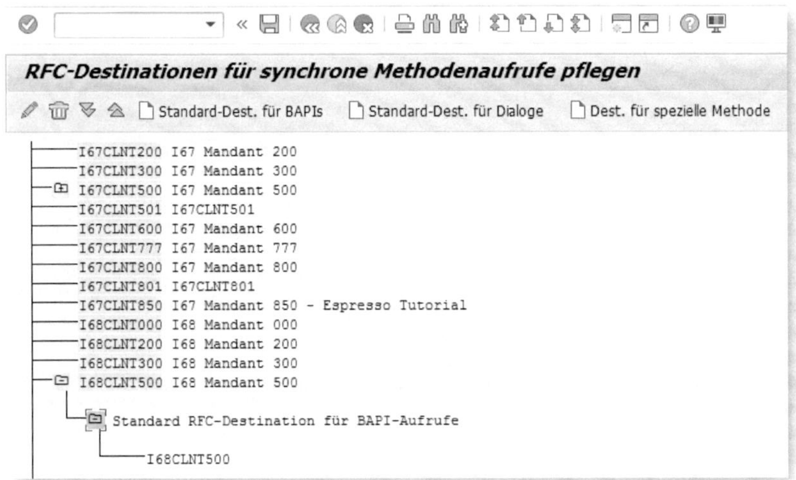

Abbildung 1.8: Destination für synchrone Methodenaufrufe pflegen

Hierfür ist es erforderlich, dass beiden Systemen, dem Vor- wie auch dem GTS-System, ein eindeutiger logischer Systemname zugewiesen wird. Dieser dient als Identifikation eines Systems innerhalb einer unter Umständen weitgefächerten Systemlandschaft. Die logischen Systemnamen werden dann dem entsprechenden Mandanten zugewiesen. Die Zuordnung zu diesem »Logischen System« ermöglicht erst ein Auffinden und Bearbeiten der Daten.

Das *Logische System* dient wie ein Datenpool für definierte Datenübermittlungen für bestimmte Transaktionen. In unserem Fall sollen nur für den Außenhandel relevante Daten an ein anderes System gesendet werden. Hierzu zählen Stammdaten oder auch Einstellungen im Customizing. Diese Daten werden wiederum im GTS-Mandanten zu einer *Gruppe logischer Systeme* zusammengefasst. Auch als Anwender werden Sie auf die Datenfelder »Logisches System« oder »Gruppe logischer Systeme« sowohl an unterschiedlichen Stellen im Vorsystem als auch im GTS-Mandanten stoßen. Abbildung 1.9 zeigt ein solches Feld.

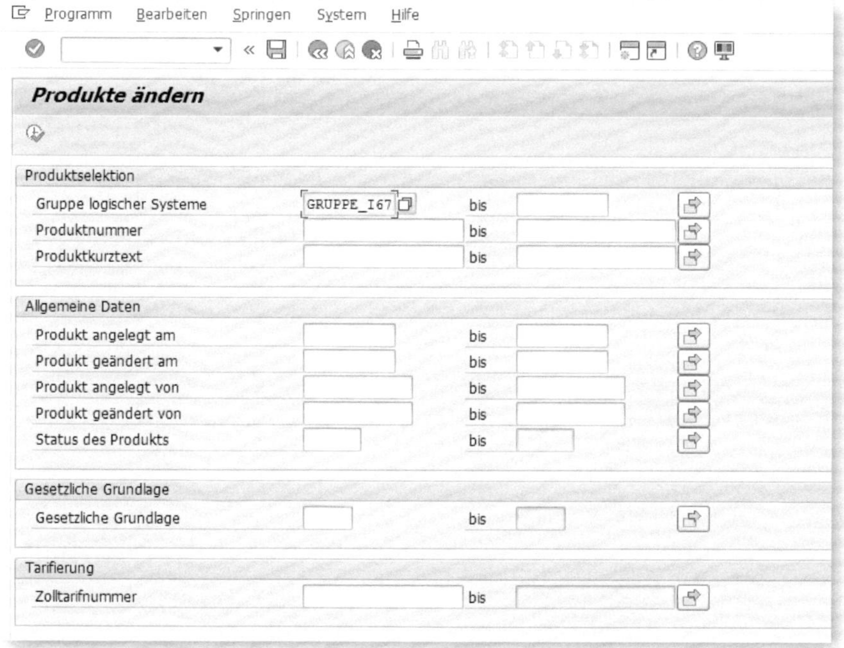

Abbildung 1.9: Datenfeld »Gruppe logischer Systeme«

1.6 GTS-Bereichsmenü

Wie oben beschrieben, rufen die RFCs Funktionen eines Systems in einem anderen auf. Die Funktionsbausteine werden von einem Bereichsmenü gestartet. Dieses Plug-in wird am einfachsten über die Einrichtung von Favoriten aufgerufen. Im Vorsystem ist dafür der

Transaktionscode */SAPSLL/MENU_LEGALR3* einzurichten, im GTS-System der Transaktionscode */SAPSLL/MENU_LEGAL*.

Wählen Sie dazu im Easy Access FAVORITEN • TRANSAKTION EINFÜGEN und tragen Sie entsprechend */SAPSLL/MENU_LEGALR3* bzw. */SAPSLL/MENU_LEGAL* ein. Abbildung 1.10 und Abbildung 1.11 sollen Ihnen hier als Anleitung dienen.

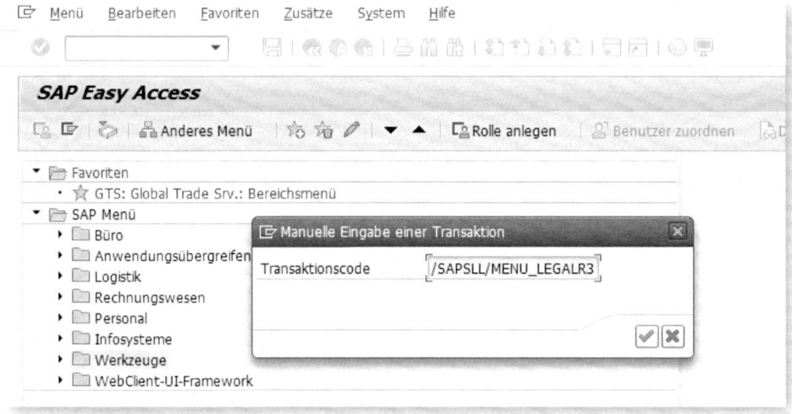

Abbildung 1.10: Einrichten von Favoriten im Vorsystem

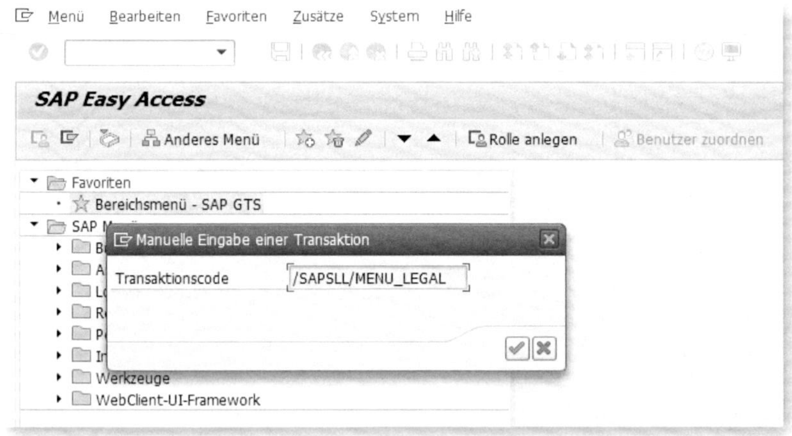

Abbildung 1.11: Einrichten von Favoriten im GTS-System

Führen Sie einen der Favoriten aus, öffnet sich das entsprechende Bereichsmenü mit seinen Funktionen. Abbildung 1.12 und Abbildung 1.13 zeigen die unterschiedlichen Bereichsmenüs.

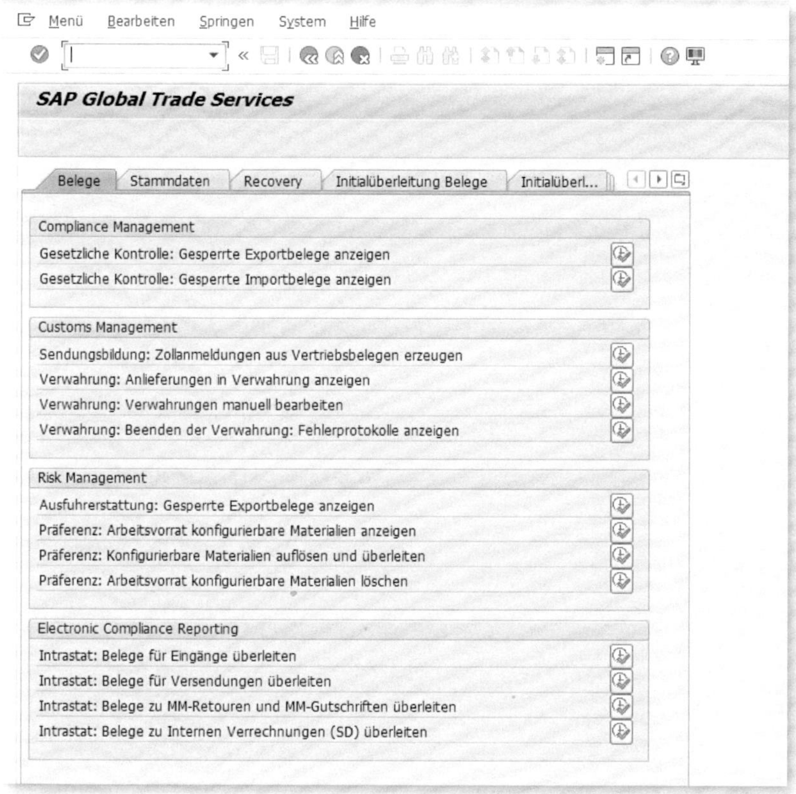

Abbildung 1.12: Bereichsmenü »Vorsystem«

Unter dem Reiter BELEGE finden sich die vier Teilbausteine von SAP GTS wieder: COMPLIANCE MANAGEMENT, CUSTOMS MANAGEMENT, RISK MANAGEMENT sowie das ELECTRONIC COMPLIANCE REPORTING. Die anderen Reiter beinhalten weitere, nach Wichtigkeit geordnete Informationen:

- Stammdaten,
- Recovery,

- Initialüberleitung Belege,
- Initialüberleitung Stammdaten,
- Basiseinstellungen.

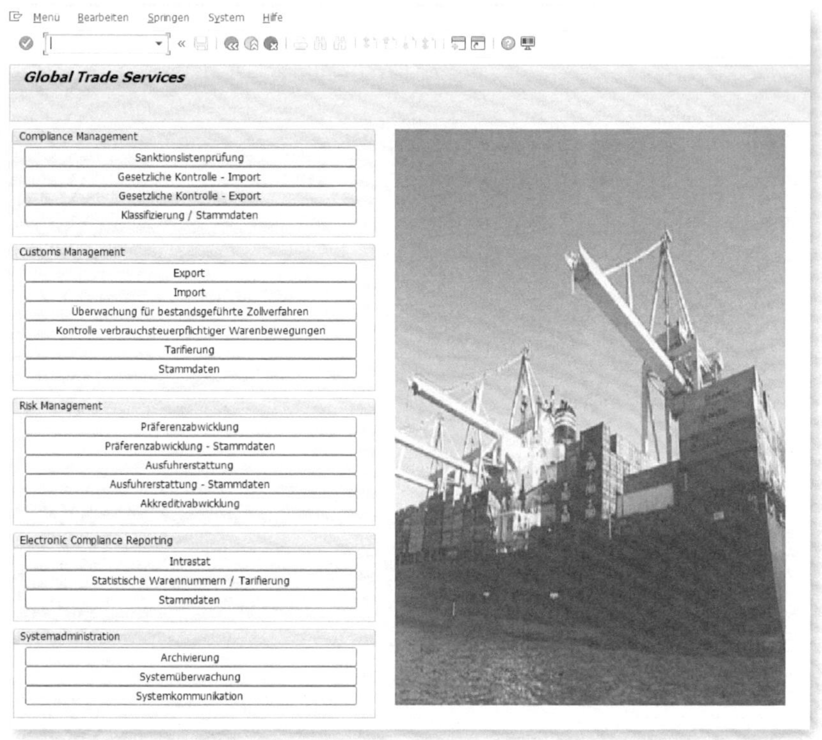

Abbildung 1.13: Bereichsmenü »GTS«

Auch im GTS-Bereichsmenü findet sich dieselbe Struktur der Bausteine wieder. Hinzu kommen die zugeordneten Funktionen. So sind dem Compliance Management die Menüpunkte SANKTIONSLISTENPRÜFUNG, GESETZLICHE KONTROLLE - IMPORT, GESETZLICHE KONTROLLE - EXPORT sowie KLASSIFIZIERUNG / STAMMDATEN zugewiesen. Im weiteren Verlauf werde ich auf diese Teilelemente noch eingehen.

1.7 Stammdaten und Daten

Stammdaten- und Datenpflege sind grundlegende Voraussetzungen, damit GTS seine Arbeit verrichten kann. Zu den *Stammdaten* zählen Informationen, die über einen längeren Zeitraum im System gehalten werden, während *Daten* je nach Vorgang variieren können.

Zu den wichtigsten GTS-relevanten Stammdaten zählen

- Produktstammdaten,
- Kundenstammdaten,
- Lieferantenstammdaten und
- Stücklisten.

Im Materialstamm und in den Stammdaten der Debitoren und Kreditoren sind material- und kundenspezifische Informationen gepflegt. Diese sorgen für einen reibungslosen Ein- und Verkauf auf nationaler Ebene. Daten für den Außenhandel weichen hiervon oftmals ab. Hier sind in der Regel viel mehr Informationen erforderlich als im innerdeutschen Warenaustausch. Die Kundenadresse kennzeichnet eine gewerbliche Lieferung in ein anderes Land als Deutschland in der Regel als umsatzsteuerfrei. Ferner können Lieferungen, die innerdeutsch problemlos durchgeführt werden können, im internationalen Kontext auf einmal genehmigungspflichtig oder gar verboten sein.

Die notwendigen Stammdaten müssen mittels RFC an GTS übermittelt werden. Dies kann initial oder regelmäßig passieren. Abbildung 1.14 zeigt die zur Verfügung stehenden Möglichkeiten beim erstmaligen Datenübertrag.

Soll beispielsweise ein neuer Kunde kurzfristig im Zuge der Sanktionslistenprüfung geprüft werden, so kann der Name übergeleitet und sofort mit den jüngsten Listen verglichen werden.

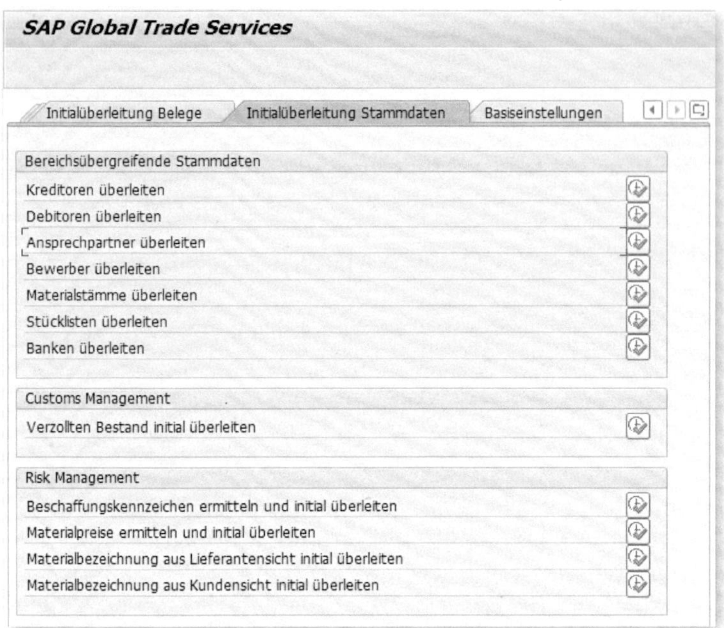

Abbildung 1.14: Initialüberleitung Stammdaten

Aus der Menge der bestehenden Daten werden dann die Informationen »gefiltert«, die für den Außenhandel benötigt werden. So kommen aus einem Materialstamm im Vorsystem nur die Warenbeschreibung, Gewichte und Maßeinheiten.

Materialstammdaten

Der Materialstamm einer Ware verfügt über vielfältige Informationen. Es ist für GTS nicht relevant, welcher Sparte ein Material zugeordnet ist, aber, ob beispielsweise das Produkt in irgendeiner Weise genehmigungspflichtig ist.

Aber mit diesen Stammdaten ist es nicht getan. GTS benötigt, je nach Geschäftstätigkeit, weitere Daten wie beispielsweise von Banken, Stücklisten, Warentarifnummern und Klassifizierungen nach dem Außenwirtschaftsrecht.

Alle diese zusätzlichen Daten werden direkt im GTS in den Produktstammdaten gepflegt. In den nachfolgenden Abbildungen gehe ich darauf im Detail ein.

Am Ende wird aus einem Materialstamm im Vorsystem ein Produktstamm in GTS (siehe Abbildung 1.15). GTS generiert somit eigene Datensätze.

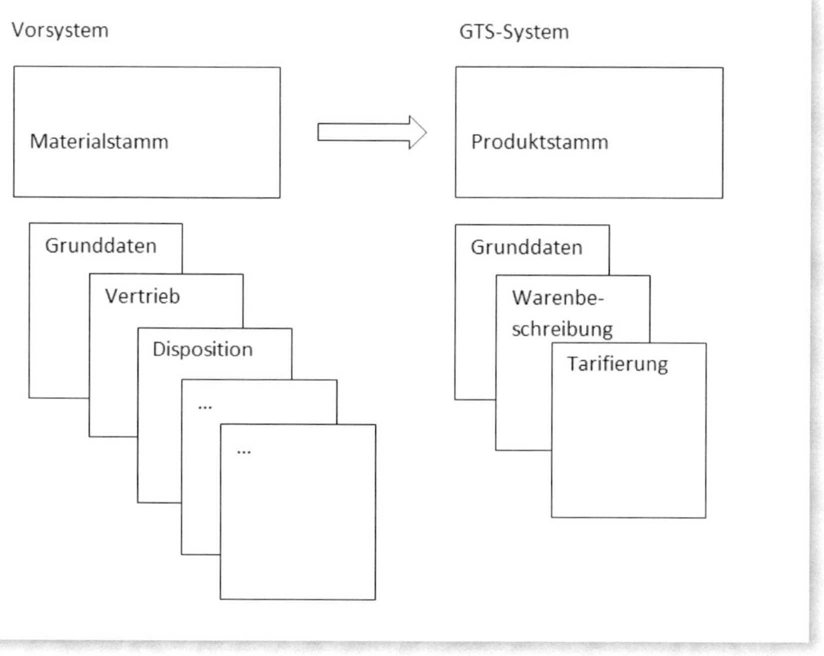

Abbildung 1.15: Aus einem Materialstamm wird ein Produktstamm

Prüfung in GTS

Im Produktstamm prüft GTS die außenhandelsrelevanten Vorgaben anhand der aus dem Materialstamm übernommenen Replikate.

1.8 Weitere Stammdaten in GTS

Neben dem als Standard in Abschnitt 1.2 beschriebenen zweistufigen Normalverfahren gibt es Vereinfachungen bei der Ausfuhr, die Wege ersparen, die Prozesse im Betrieb beschleunigen und somit die Flexibilität erhöhen können.

Um diese nutzen zu können, benötigt ein Unternehmen entsprechende Bewilligungen und Sicherheiten. Diese werden im GTS-System ebenfalls in Form von Stammdaten hinterlegt und als solche verwaltet. Wird ein entsprechend gekennzeichneter Ausfuhrprozess angestoßen, zieht GTS die notwendigen Daten und weist diese je nach Customizing-Einstellungen automatisch zu. Es ist auch möglich, die notwendigen Schritte manuell zu tätigen.

Die für Vereinfachungen benötigten Stammdaten werden im GTS-System im CUSTOMS MANAGEMENT gepflegt. Abbildung 1.16 zeigt eine Übersicht der Optionen.

Je nach Geschäftsumfeld kann ein Unternehmen über unterschiedliche Bewilligungsverfahren verfügen. Mit diesen Bewilligungen können bei der Zollverwaltung zu hinterlegende Sicherheiten einhergehen. So müssen beispielsweise für *Zolllager* Sicherheiten in Höhe der Importabgaben hinterlegt werden. Hierfür ermittelt die Zollverwaltung Durchschnittswerte für bestimmte Zeiträume.

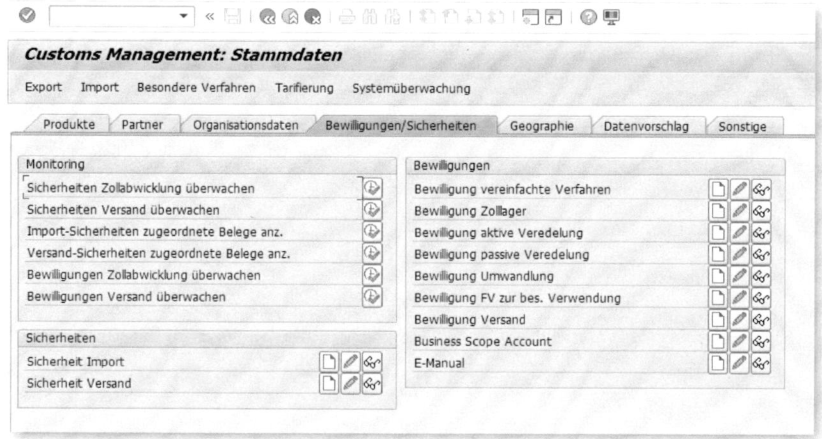

Abbildung 1.16: Stammdaten Bewilligungen/Sicherheiten

Bewilligungen in GTS

Verfügt ein Unternehmen über eine Bewilligung z. B. zu einem vereinfachten Ausfuhrverfahren, muss diese gepflegt und gültig sein. Eine abgelaufene Bewilligung können Sie keinem Ausfuhrverfahren zuordnen.

2 Gliederung von GTS

Bereits zu Beginn von Kapitel 1 wurde kurz auf die Gliederung von GTS eingegangen. Jetzt möchte ich Ihnen die Teilbausteine detaillierter vorstellen und die Wechselwirkung dieser Bereiche verdeutlichen.

Die vier in Abbildung 1.13 gezeigten Bausteine

- Compliance Management,
- Customs Management,
- Risk Management und
- Electronic Compliance Reporting

können unabhängig voneinander aktiviert werden. Dies liegt darin begründet, dass nicht jedes Unternehmen alle Bausteine mit den gesamten Unterfunktionen tatsächlich benötigt.

Im *Compliance Management* sind die Embargoprüfung, die Sanktionslistenprüfung sowie die produktbezogene Prüfung untergebracht. Sämtliche kontrollrelevanten Vorgänge können hier geprüft, angezeigt oder freigegeben werden.

Im *Customs Management* sind die Zoll- und Versandverfahren verankert. Zu den Zollverfahren zählen unter anderem die Ausfuhranmeldung, die Überlassung zum freien Verkehr oder auch die Zolllageranmeldung, um nur einige Beispiele zu nennen. Im Bereich der Versandverfahren ist das New Computerised Transit System (NCTS) angesiedelt. Hier werden die Versandbegleitdokumente T1 oder T2, T2LF oder das Carnet TIR erstellt, verwaltet und/oder beendet.

Das *Risk Management* soll das finanzielle Risiko im Außenhandel kontrollierbar machen. Hierzu zählen die Präferenzkalkulation mit der dazugehörigen Verwaltung der Lieferantenerklärungen, die Akkreditivabwicklung sowie die Beantragung einer möglichen Ausfuhrerstattung bei den sogenannten *Marktordnungswaren*.

Damit die einzelnen Fachbereiche reibungslos funktionieren, müssen übergreifende Daten in das GTS-System eingegeben werden. Das wiederum bedeutet, dass die Daten für die unterschiedlichen Funktionen zur Verfügung gestellt werden müssen.

Für den Bereich der Ausfuhrabwicklung ist es notwendig, folgende Schritte umzusetzen:

Schritt 1: Jedes Produkt muss zunächst in GTS tarifiert und für die Ausfuhrkontrolle klassifiziert werden. Ohne diese Einordnung ist ein Durchführen der Ausfuhrkontrolle nicht möglich. Im Kapitel 6 wird darauf im Detail eingegangen.

Schritt 2: Der Anwender legt beispielsweise ein Angebot oder einen Auftrag im Vorsystem an und löst mit Abspeichern des Beleges die Kontrollprozesse in GTS aus.

Schritt 3: Ist die Ausfuhrkontrolle fertig durchlaufen und die Ausfuhr von GTS freigegeben, erfolgt die Erstellung der Zollanmeldung inklusive Datenübertragung an die zuständigen Zollstellen.

Die Tarifierung wird im Bereich der Zollabwicklung vorgenommen, eine eventuell notwendige Pflege einer Ausfuhrgenehmigung im Compliance Management. Soll nun für ein und dieselbe Sendung auch eine Präferenzkalkulation durchgeführt werden, müssen Stücklisten und Präferenzregeln im Risk Management gepflegt sein.

Wie Sie sehen, gibt es viele übergreifende Informationen, die im Customizing und direkt in den Stammdaten den einzelnen Teilbereichen zugeordnet werden müssen. Nachfolgende Abbildungen sollen dies verdeutlichen.

Die in GTS eingegebenen Daten stehen somit untereinander im Zusammenhang und können von unterschiedlichen Einstiegspunkten aus aufgerufen werden, wie in Abbildung 2.1 verdeutlicht.

Aktion	Chronologischer Ablauf		
Export	Einreihen in den Zolltarif Ggf. Klassifizierung für die Ausfuhrkontrolle	Ausfuhrkontrolle	Zollverfahren für den Export
Import	Einreihen in den Zolltarif Ggf. Klassifizierung für die Einfuhrkontrolle	Einfuhrkontrolle	Zollverfahren für den Import
Präferenzen	Lieferantenerklärung vom Lieferanten	Präferenzkalkulation	Lieferantenerklärung für den Kunden

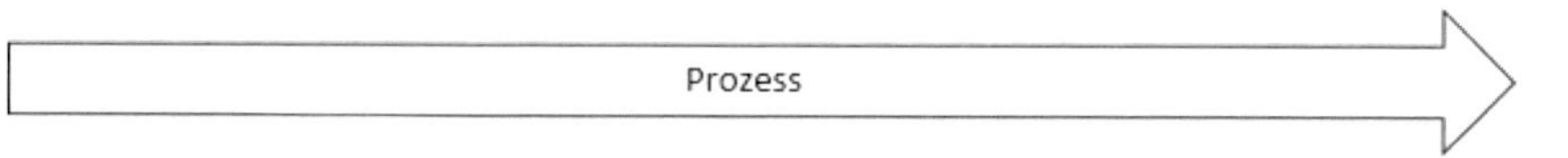

Abbildung 2.1: Chronologischer Ablauf der Außenhandelsprozesse

2.1 Gesetzliche Grundlagen

Die in Abbildung 2.1 dargestellten Prozesse greifen ineinander. Wie bereits erwähnt, gibt es in GTS keine wie aus dem Vorsystem bekannten Organisationsstrukturen. Dies ist auch nicht notwendig, da GTS nicht aus Sicht des produzierenden oder handelnden Unternehmens agiert, sondern die Vorgaben des Außenwirtschaftsrechts berücksichtigt. So ist es für GTS nicht von Bedeutung, welcher Einkäufer- oder Verkäufergruppe ein Produkt zugeordnet ist. Entscheidend ist, aus welchem Land (z. B. Deutschland) in welches Land (z. B. die Schweiz) geliefert werden soll. Hierbei geht es um die gesetzlichen Vorgaben, die Deutschland – als Teil der Europäischen Union – einhalten muss. Der Export in ein kritisches Land (z. B. Syrien) unterliegt anderen Verboten und Beschränkungen als der Export des gleichen Gutes z. B. in die Schweiz oder nach Australien.

Gesetzliche Grundlagen können in GTS »frei definiert« werden. Das bedeutet allerdings nicht, dass das Außenwirtschaftsgesetz jetzt dem Unternehmen angepasst wird. Es besagt vielmehr, dass die für ein Unternehmen relevanten Gesetze im System definiert und im Customizing zugewiesen werden müssen. Der Außenhandel kennt eine Vielzahl unterschiedlicher Gesetze, Verordnungen, Regeln oder Beschränkungen, wie beispielsweise:

- Automatisiertes Tarif- und Lokales Zollabwicklungssystem (ATLAS),
- Embargo,
- Sanktionslisten,
- Güterlisten,
- Präferenzregeln,
- Außenwirtschaftsgesetz DE,
- Zollabwicklung unterschiedlicher Länder, z. B. CH,
- u. v. m.

Die beispielhaft genannten gesetzlichen Grundlagen werden für die in Tabelle 2.1 gezeigten Abläufe bzw. Teilbereiche des Außenhandels implementiert:

Gesetzliche Grundlage	Zweck
ATLAS	IT-Verfahren ATLAS – Zollabwicklung für die automatisierte Abfertigung und Überwachung des grenzüberschreitenden Warenverkehrs
Embargo	Länderbezogene Ausfuhrkontrolle
Sanktionslisten	Personenbezogene Ausfuhrkontrolle
Güterlisten	Produktbezogene Ausfuhrkontrolle
Präferenzen	Ermittlung von zollrechtlichen Präferenzen
Außenwirtschaftsgesetz DE	Umsetzung der Vorgaben zum deutschen Außenwirtschaftsgesetz
Zollabwicklung CH	Umsetzung der Vorgaben der Schweizer Gesetzgebung

Tabelle 2.1: Auswahl möglicher gesetzlicher Grundlagen

Die gesetzlichen Grundlagen werden an den betreffenden Stellen im Customizing definiert und aktiviert. So befindet sich z. B. ATLAS im Bereich des Customs Managements, während die Embargoprüfung oder das Außenwirtschaftsgesetz im Bereich der »Gesetzlichen Kontrolle« im Compliance Management angesiedelt sind.

Ausländische Gesetze und Verordnungen

Verfügt ein Unternehmen über Sitze in anderen Ländern mit einer anderen Gesetzgebung als der deutschen, können diese ebenfalls im System abgebildet werden.

Der Anwender kann an verschiedenen Stellen im GTS auf die unterschiedlichen gesetzlichen Grundlagen zugreifen und sich diese anzeigen lassen. Je nach Vorgang ist auch ein Wechsel möglich, z. B. bei der Auswahl der Zollverfahren. Soll eine Liste von gesperrten Belegen angezeigt werden, so kann der Anwender die entsprechende Grundlage auswählen, die zur Sperrung dieser Belege geführt hat.

Abbildung 2.2 zeigt eine Auswahl gesetzlicher Grundlagen. In diesem Beispiel stehen dem Anwender die *German Foreign Trade Regulations* (Deutsches Außenwirtschaftsgesetz), die *Export Administration Regulations* der USA, die *Embargo*-Prüfung der Vereinten Nationen, die *International Traffic in Arms Regulations* der USA, die Sanktionslistenprüfung *Sanctioned Party List Screening* sowie die US-Reexport-Regeln, die *Legal Control: U.S. Re-Export* zur Verfügung. Nach erfolgter Selektion werden die Exportbelege anzeigt, die aufgrund der genannten Verordnung gesperrt wurden.

Betrachten wir beispielhaft die Belege, die aufgrund eines Embargos der UN nicht weiterbearbeitet werden können. Wählen Sie dazu die gewünschte Grundlage *EMBUN* aus, wie in Abbildung 2.3 gezeigt, und klicken Sie auf das Icon für Ausführen.

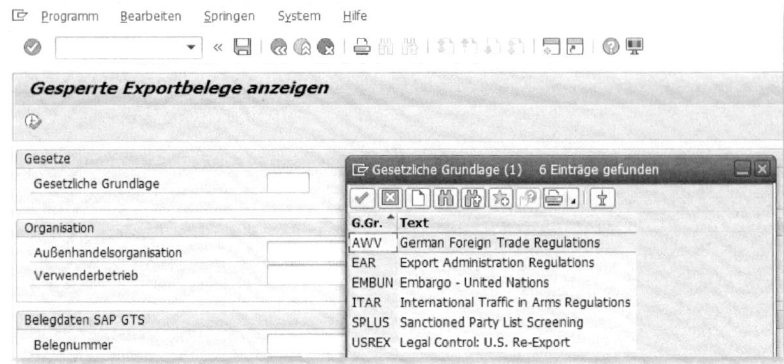

Abbildung 2.2: Übersicht möglicher gesetzlicher Grundlagen

Programm Bearbeiten Springen System Hilfe

Gesperrte Exportbelege anzeigen

Gesetze

Gesetzliche Grundlage EMBUN bis

Organisation

Außenhandelsorganisation bis

Verwenderbetrieb bis

Abbildung 2.3: Auswahl einer gesetzlichen Grundlage

Abbildung 2.4 zeigt eine Aufstellung der aufgrund eines Embargos gesperrten Belege.

Gesetzliche Kontrolle: Gesperrte Exportbelege anzeigen

Gesperrte Belege mit Positionsdaten

Refnr.	LogSystem	SL-Prüfung	Embargo	Kontrolle	Bearb.st.	AH-Org.	Position	SL-Prüfung	Embargo	Kontrolle
12157	I67CLNT500	●	●	◇	●	AHO_1000	10	●	●	◇
	I68CLNT500	◇	●	◇	●	AHO_1000		◇	●	◇
12158		●	●	◇	●	AHO_1000		●	●	◇
12161		◇	●	◇	●	AHO_1000		◇	●	◇
12162		◇	●	◇	●	AHO_1000		◇	●	◇
12164		●	●	◇	●	AHO_1000		●	●	◇
12165		●	●	◇	●	AHO_1000		●	●	◇

Abbildung 2.4: Liste der gesperrten Belege bei einem Embargo

2.2 Außenhandelsorganisation

Eine *Außenhandelsorganisation* bildet eine Unternehmung für die Belange des Außenwirtschaftsrechts ab, ähnlich dem Buchungskreis im ERP-Vorsystem. Im Customizing des GTS müssen die Außenhandelsorganisationen einem Buchungskreis zugeordnet sein, um die Vorgänge nach dem für den Buchungskreis geltenden Recht umzusetzen. Kann das System keine Zuordnung finden, können zwar Belege erstellt und abgespeichert werden, es findet jedoch keine Replikation in GTS statt. In Abbildung 2.4 sehen Sie z. B. die Zuordnung *AHO_1000* in der Spalte AH-ORG.

2.3 Verwenderbetrieb

Der *Verwenderbetrieb* in GTS spiegelt das Werk im Vorsystem wider. Ihm sind beispielsweise Bewilligungen und/oder Lagerorte zugewiesen, die für die Zuordnung der ausfuhrrelevanten Vorgänge notwendig sind.

Verwenderbetrieb

Ihr Unternehmen verfügt über die Bewilligung für die vereinfachte Zollanmeldung nach Art. 166 UZK mit Gestellung im Unternehmen (ehemals »Zugelassener Ausführer«). Diese Bewilligung muss einem Verwenderbetrieb zugewiesen sein. In diesem Verwenderbetrieb werden die Waren gepackt und verladen. Dieser Ort ist als »Ladeort« in den Bewilligungen genannt und wird bei Kontrollen der Zollbehörden aufgesucht.

2.4 Warentarifnummer

Für die zollrechtliche Abwicklung muss jedem Produkt eine *Warentarifnummer* zugewiesen werden. Basis für die Warentarifnummern ist das »Harmonisierte System«. Hintergrund hierfür ist ein internationales Abkommen des Weltzollrates für eine einheitliche Codierung aller existierenden Waren. Diese Codierung besteht aus einer sechsstelligen Zahlenkombination.

Da dieses System nahezu weltweit Anwendung findet, können anhand der Warentarifnummer Waren/Produkte leicht identifiziert werden. Abbildung 2.5 zeigt ein Beispiel für den Aufbau der Warennomenklatur.

Aufbau der Warentarifnummer am Beispiel eines gebundenen Kinderbuchs	
Warentarifnummer	Förmlicher Aufbau
49	Kapitel des Harmonisierten Systems
4901	Position des Harmonisierten Systems
4901 99	Unterposition des Harmonisierten Systems
4901 9900	Unterposition der Kombinierten Nomenklatur
4901 9900 00	Unterposition – TARIC/Besonderheiten der Europäischen Gemeinschaft
4901 9900 00 9	Endgültige Warentarifnummer – Elektronischer Zolltarif mit nationalen Besonderheiten DE

Abbildung 2.5: Aufbau der Warentarifnummer
(Quelle: http://www.zoll.de/DE/Fachthemen/Zoelle/Zolltarif/Allgemeines/allgemeines_node.html, Aufruf 03.05.2018)

Die ersten sechs Stellen der bis zu 11-stelligen Codenummer (das Harmonisierte System, HS) werden vom Weltzollrat festgelegt; dabei bezeichnen ersten beiden Ziffern, auch »Kapitel« genannt, grobe Kategorien. Die in Abbildung 2.5 genannte »49« steht z. B. für Bücher, Zeitungen, Bilddrucke und andere Erzeugnisse des grafischen Gewerbes sowie für hand- oder maschinengeschriebene Schriftstücke und Pläne, siehe Abbildung 2.6.

Mit fortschreitender Einreihung in den Elektronischen Zolltarif wird die Warenbezeichnung spezifiziert. Ist keine exakte Zuordnung vorhanden, muss die nächsttreffende gewählt werden. Aufgrund der enormen Vielfalt an Waren gibt es zahlreiche Produkte, die nicht zu einhundert Prozent und wortwörtlich identifiziert werden können. Dann wird oftmals der Begriff »andere« verwendet.

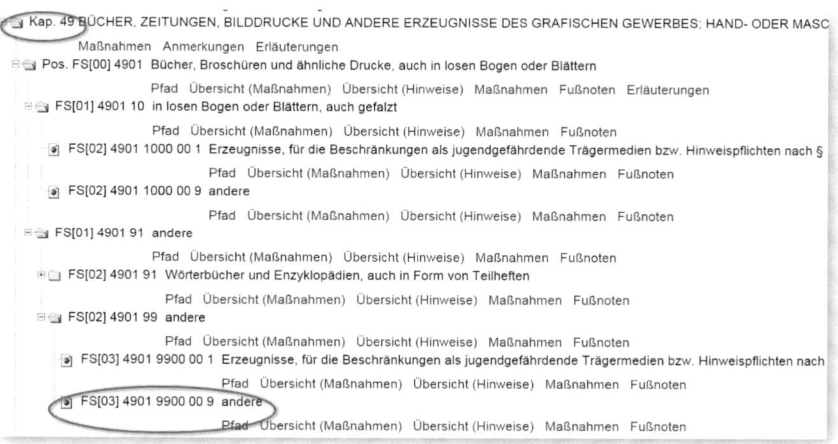

Abbildung 2.6: Bildausschnitt Elektronischer Zolltarif – Kinderbuch (Quelle: Elektronischer Zolltarif, www.ezt.de, Aufruf 03.05.2018)

In diesem Fall gibt der PFAD zur Warentarifnummer dem geübten Anwender einen Hinweis, wo das gesuchte Produkt zu finden ist.

Die Nomenklatur der ersten sechs Stellen sollte weltweit identisch sein. Hier wähle ich ganz bewusst den Konjunktiv, weil dies in der Praxis oftmals nicht der Fall ist. Grund sind unterschiedliche Auffassungen oder Verwendungszwecke einer Ware. So kann es beispielsweise sein, dass der Hersteller eines Zulieferteils für die Automobilbranche dieses Produkt im Bereich der Elektronik einreiht, während der Fahrzeughersteller dies bereits als ein Ersatzteil für Fahrzeuge betrachtet und die gleiche Ware in das Kapitel 87 einsortiert. Derartige Fälle müssen dann direkt mit der Zollverwaltung geklärt werden.

Die nächsten beiden Ziffern 7 + 8 stammen aus der *Kombinierten Nomenklatur* der Europäischen Gemeinschaft. Hier kommt die Auslegung der Mitgliedsstaaten für eine Ware zum Tragen.

Bei der Einfuhrabfertigung sind damit Zollsätze, Textilkategorien, Verbote und Beschränkungen oder Einfuhrgenehmigungstatbestände verbunden.

Die Warentarifnummer wird den Produkten im Bereich des Customs Managements im Untermenü TARIFIERUNG zugewiesen. Aufgrund nationaler Auffassungen kann sie ab der sechsten Stelle abweichen. Muss ein in der EU ansässiges Unternehmen aufgrund von interner Verbundenheit den Ausfuhrkontrollmaßnahmen der USA entsprechen, hat neben einer Tarifierung nach dem deutschen Außenwirtschaftsrecht auch eine Tarifierung nach den *Export Administration Regulations* der USA zu erfolgen. Abbildung 2.7 zeigt eine Tarifierung nach der gesetzlichen Grundlage ATLAS für den Export aus der EU; hier wurde die Warentarifnummer *6212 9000* gewählt.

Abbildung 2.7: Tarifierung von Waren nach der gesetzlichen Grundlage »Harmonisiertes System EU«

Ebenso ist eine Tarifierung nach den Vorgaben der *US Automated Customs Environment (ACE)* möglich. Markieren Sie mit dem Cursor den Eintrag *Harmonized Tariff Schedule (HTS) of the United States Import/Eingang & Export/Versendung*. Im Datenfeld NUMMER geben Sie dann die Warentarifnummer nach dem HTS der USA ein. Abbildung 2.8 zeigt dafür ein Beispiel.

Mit der Eintarifierung ist eine Verknüpfung mit den Nummernschemata der gesetzlichen Grundlagen im Customizing verbunden, die von Land zu Land unterschiedlich sein können. Diese landesspezifischen Ausprägungen müssen als Nummernschema definiert sein, damit das GTS-System diese als gültig erkennt. Das Nummernschema der USA ist zehnstellig, das Deutschlands elfstellig (vergleichen Sie dazu Abbildung 2.9).

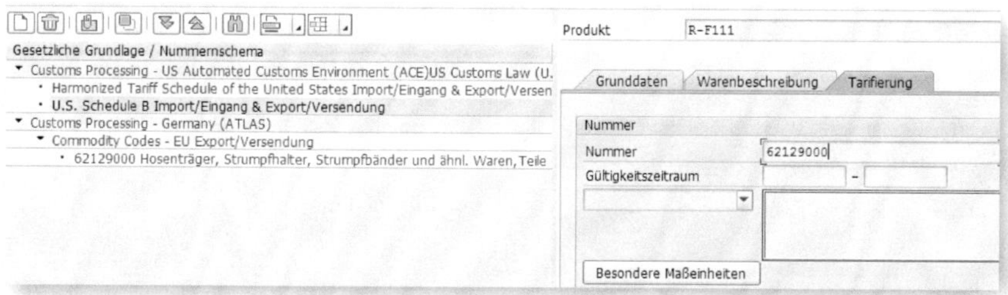

Abbildung 2.8: Tarifierung von Waren nach der gesetzlichen Grundlage »Harmonisiertes System USA«

Nur die ersten sechs Stellen sind weltweit einheitlich, sodass es bei ein und demselben Produkt unterschiedliche Warentarifnummern geben könnte. Die Warentarifnummern werden wiederum als Stammdaten im System gepflegt.

Sicht "Aufbau der Tarifnummer" ändern: Übersicht

Neue Einträge

Dialogstruktur: Schema der Tarifnumme; Aufbau der Tarifnum; Maßeinheitensystem; Codeschemata; Behördenschlüssel d; Programmcodes; Vorschriften defi; Programmcodes; Zollproduktpflege; Endverwendung; Kapiteleinschränkung

Nummernschema DEEZT

Aufbau der Tarifnummer

Ebene	Länge	BearbArt	Bezeichnung
10	2	Exakte Länge	HS-Kapitel
20	4	Exakte Länge	HS-Position
30	6	Exakte Länge	HS-Unterposition
40	8	Exakte Länge	KN-Code
50	10	Exakte Länge	TARIC-Code
60	11	Exakte Länge	Zolltarifnummer

Abbildung 2.9: Aufbau des Schemas für die Tarifnummer EZT

Kommen wir zurück auf das *Harmonisierte System* mit den nationalen Ergänzungen der EU. Den Warentarifnummern sind unterschiedliche Verbote und Beschränkungen zugeordnet. Diese Vorgaben beziehen sich unter anderem auf:

- Kriegsgüter und Waffen,
- Dual-Use-Waren (Waren mit einem doppelten Verwendungszweck, militärisch und zivil),
- Artenschutz,

- Klimaschutz,
- u. a. m.

Eine korrekte Zuweisung der Warentarifnummer ist also unabdingbar.

Kernelement Warentarifnummer

Die Warentarifnummer ist ein Kernelement in der Abwicklung von Im- und Exporten. An ihr hängen Beschränkungen und Verbote, Steuern und Zollsätze, nationale und internationale Verordnungen. Eine falsche Warentarifnummer kann zu massiven Komplikationen mit Institutionen des Außenhandels führen.

Im Kapitel 6 werde ich noch im Detail auf die Verbindung zwischen Warentarifnummer und Ausfuhrkontrolle eingehen.

2.5 Güterlisten

Neben den Warenverzeichnissen müssen für die Ausfuhrkontrolle aus deutscher Sicht mindestens zwei weitere Nummernverzeichnisse im GTS eingerichtet werden. Dazu zählen die *Güterlisten der EG-Dual-Use-Verordnung* sowie die *Ausfuhrliste für militärische Güter*.

3 Ausfuhrkontrolle

Die Ausfuhrkontrolle kennt länder-, personen- und produktbezogene Prüfungen. Alle drei müssen in einem Unternehmen gleichermaßen berücksichtigt und umgesetzt werden. Wie das funktioniert, erfahren Sie in diesem Kapitel.

Die Funktionen der Ausfuhrkontrolle verbergen sich hinter dem Einstiegsfeld des Compliance Managements (siehe Abbildung 3.1).

Abbildung 3.1: Einstieg Compliance Management

3.1 Die Reihenfolge der Prüfungen

Die Überprüfung der Ausfuhrgenehmigungspflicht sollte einer chronologischen Reihenfolge entsprechen. Hier sollte der Weg von einer allgemeinen zur detaillierten Kontrolle führen:

1. länderbezogen – Embargoprüfung
2. personenbezogen – Sanktionslistenprüfung
3. produktbezogen – Gesetzliche Kontrolle

Prüfschritt1: Embargo

Die erste außenhandelsrelevante Prüfung gilt dem Bestimmungsland eines Auftrages. Darf aufgrund eines Embargos eine Ware nicht geliefert werden, erübrigen sich die weiteren Kontrollen.

Embargos sind übergeordnete Verbote und Beschränkungen, die ein Unternehmen unbedingt einhalten muss. Diese wurden vom Gesetzgeber zur nationalen und internationalen Sicherheit erlassen und sollen die sanktionierten Länder in ihren politischen Entscheidungen signifikant treffen. In den Embargoverordnungen wird im Detail auf Lieferhemmnisse eingegangen, und es werden Warentarifnummern sowie betroffene Organisationen genannt.

Abbildung 3.2: Übersicht Compliance Management

Die verschiedenen Prüfmöglichkeiten finden Sie zum größten Teil im Bereich COMPLIANCE MANAGEMENT: GESETZLICHE KONTROLLE (siehe Abbildung 3.2).

Prüfschritt 2: Sanktionen

Die zweite Prüfung gilt dem Kundenkreis und hier im Besonderen dem Warenempfänger. Auf Sanktionslisten werden juristische und natürliche Personen öffentlich bekannt gegeben. Sollten sich unter den Kunden oder im Lieferantenkreis ein von einer Sanktionsliste betroffenes Unternehmen bzw. eine Person befinden, so darf dieses nicht beliefert oder von dieser Person keine Ware bezogen werden. Ferner ist der Kontakt dem Bundesamt für Wirtschaft und Ausfuhrkontrolle zu melden.

Die Sanktionslistenprüfung erfolgt im gleichnamigen Menüpunkt COMPLIANCE MANAGEMENT, entsprechend Abbildung 3.3.

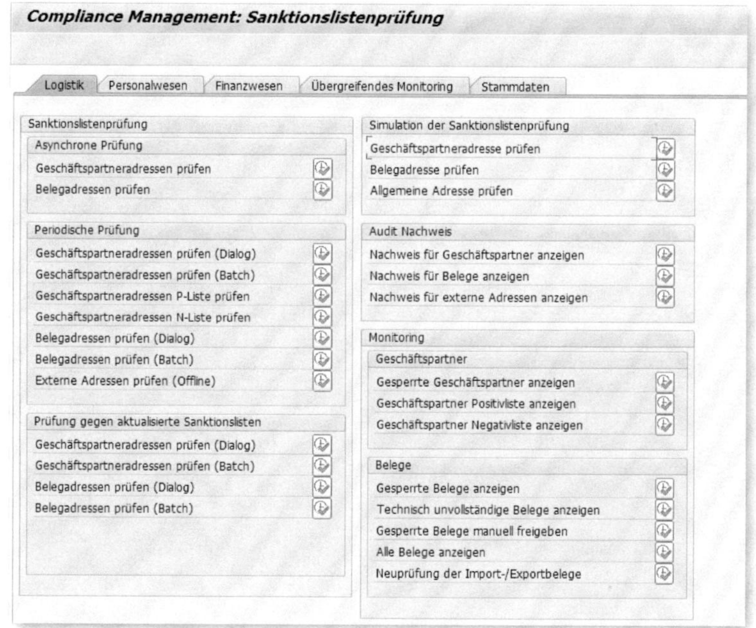

Abbildung 3.3: Übersicht Sanktionslistenprüfung

Prüfschritt 3: Gesetzliche Kontrolle

Die dritte Prüfung gilt letztlich der Ware selber. Nun geht es um die Eigenschaften und Funktionen der Waren. Hier spielen technische Details, Konstruktion und Fähigkeiten eine Rolle. Diese spezifischen Daten werden in den zuvor erwähnten Güterlisten (siehe Abschnitt 2.5) festgehalten.

Abbildung 3.4: Compliance Management – Klassifizierung / Stammdaten

Sämtliche Daten für die Ausfuhrkontrolle, also Verordnungen, Bestimmungen, Sanktionslisten, Güterlisten, Embargos etc., sind öffentlich zugänglich und müssen beim Export wie beim Import beachtet werden. Mehrmals im Jahr werden diese Daten überarbeitet und den neuesten Bestimmungen und politischen Ereignissen angepasst. Auch hier heißt es für ein Unternehmen, flexibel zu bleiben und umgehend zu reagieren.

Die gesetzliche Kontrolle schlussendlich findet ihren Platz im Bereich COMPLIANCE MANAGEMENT: KLASSIFIZIERUNG / STAMMDATEN (siehe Abbildung 3.4).

3.2 Stolpersteine in der Praxis

Alle drei Kontrollen wirken direkt aufeinander und bedingen sich gegenseitig. Ein weit verbreitetes Problem ist die nicht vorhandene Kommunikation innerhalb eines Betriebes. In Inhouse-Seminaren bei unseren Kunden berichten diese beispielsweise von fehlenden Schnittstellen. So interessiere es den Einkauf beispielsweise gar nicht, was im Vertrieb zu beachten ist – ein Umstand, der auf jeden Fall behoben werden sollte. Ebenfalls berichten die Unternehmen regelmäßig von vertrieblichen Prozessen, bei denen die Ausfuhrkontrolle erst beim Erstellen der Ausfuhranmeldung durchgeführt wird. An dieser Stelle kann eine nicht ausgeführte Ausfuhrkontrolle bereits großen Schaden angerichtet haben. So kann etwa ein nationaler Kaufvertrag international durchaus verboten sein. Oder es können vertriebsinterne Daten an Dritte weitergegeben worden sein, die auf einer Sanktionsliste stehen. Außerdem könnten Verträge über Waren abgeschlossen worden sein, die gar nicht geliefert werden dürfen. Hier drohen dann unter Umständen Vertragsstrafen wegen Nichterfüllung.

In den folgenden Kapiteln wollen wir uns daher im Detail mit diesen drei wichtigen Bestandteilen der Ausfuhrkontrolle beschäftigen.

4 Embargo

Embargos sind länderbezogene Handelsbeschränkungen. Sie werden als Stammdaten im Compliance Management im Bereich der gesetzlichen Kontrolle gepflegt.

Embargos werden oftmals durch einen Beschluss des UN-Sicherheitsrates ausgesprochen. Die Europäische Union folgt diesen Beschlüssen in der Regel, verhängt aber unter Umständen auch eigene Embargomaßnahmen. Deutschland als Bestandteil der Europäischen Union folgt diesen Beschlüssen und setzt sie in Form sogenannter *Gemeinsamer Standpunkte* auf dem Gebiet der *Gemeinsamen Außen- und Sicherheitspolitik (GASP)* um. Die Vorgaben der GASP werden konkretisiert und in EU-Recht umgewandelt. Dies erfolgt durch entsprechende Verordnungen und nationale Rechtsakte.

Je nach Umfang der Restriktionen wird unterschieden in

- Totalembargo,
- Teilembargo oder
- Waffenembargo.

Wurde ein *Totalembargo* ausgesprochen, sind jedweder gewerbliche Warenaustausch und Kapitaltransfer mit einem bzw. jede Art von Hilfeleistung für ein Land verboten. Dies gilt derzeit (Stand 05/2018) für kein Land der Welt. Wie das in der Zukunft sein wird, wird die Zeit zeigen.

Ein *Teilembargo* untersagt bestimmte Rechtsgeschäfte, wie den Handel mit bestimmten Gütern, technische Hilfeleistungen oder verhängt Restriktionen im Finanzsektor.

Das *Waffenembargo* verbietet, wie der Name erahnen lässt, den Handel mit Rüstungsgütern.

Welche Formen mit den entsprechenden Auswirkungen in einem Embargo ausgesprochen wurden, kann den passenden Verordnungen entnommen werden. Auf der Internetseite des Bundesamts für Wirtschaft und Ausfuhrkontrolle (BAFA) können Sie Details zu den Embargos aufrufen: Wählen Sie dazu unter *http://www.bafa.de* AUßENWIRTSCHAFT • AUSFUHRKONTROLLE• EMBARGOS.

Embargos gehen vor

Regelungen in Embargovorschriften sind vorrangig vor den allgemeinen ausfuhrrechtlichen Regelungen zu beachten. Diese bleiben aber unangetastet parallel bestehen. Ist ein Handel mit einem Land nicht aufgrund eines Embargos untersagt, gelten die allgemeinen Vorschriften weiterhin. Hier seien im Besonderen die Bedingungen der Dual-Use-Verordnung genannt.

4.1 Embargopflege in GTS

Die einfachste Form, ein Embargo in GTS zu pflegen, ist über das Bereichsmenü GESETZLICHE KONTROLLE – EXPORT im Compliance Management. Wählen Sie dort unter EMBARGO die Transaktion EMBARGOSITUATIONEN PFLEGEN, wie in Abbildung 4.1 dargestellt.

Wählen Sie AUSFÜHREN und bestimmen Sie im sich öffnenden Fenster (Abbildung 4.2) das gewünschte BESTIMMUNGSLAND. Geben Sie im Datenfeld GESETZLICHE GRUNDLAGE keinen Wert ein, besteht die Möglichkeit, aus drei unterschiedlichen Varianten zu wählen.

Compliance Management: Gesetzliche Kontrolle - Export

Monitoring	Embargo
Gesperrte Belege anzeigen	Gesperrte Belege freigeben
Gesperrte Zahlungen anzeigen	Gesperrte Zahlungen freigeben
Technisch unvollständige Belege anzeigen	Freigegebene Belege anzeigen
Technisch unvollst. Zahlungen anzeigen	Freigegebene Zahlungen anzeigen
Zugeordnete Belege anzeigen	Freigabegründe analysieren
Kontrollrelevante Produkte nachverfolgen	Geschäftspartner mit Embargosituation
Vorhandene Belege anzeigen	Länderspezifische Informationen pflegen
Vorhandene Zahlungen anzeigen	Gesetzliche Grundlage/Bestimmungsland
Vorhandene Ausfuhrgenehmigungen anzeigen	Ges. Grundlage/Abgangs-/Bestimmungsland
	Embargosituationen pflegen

Abbildung 4.1: Embargosituationen pflegen

Embargosituationen pflegen (Export)

Gesetzliche Grundlage

Gesetzl. Grundlage

Land

Abgangsland

Bestimmungsland

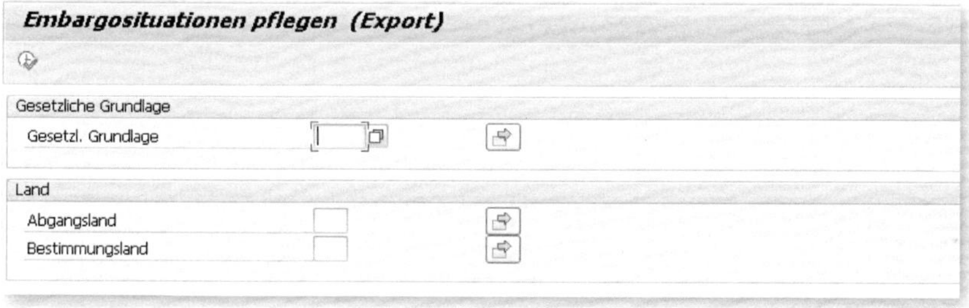

Abbildung 4.2: Embargosituation pflegen

Variante 1

Sie können ein länderspezifisches Embargo einrichten. Dann werden alle Zollbelege für dieses Land zunächst gesperrt. Diese Variante sollte mit Bedacht gewählt werden.

Generelles Länderembargo

Diese Variante findet oft dann Anwendung, wenn ein Warenaustausch mit einem bestimmten Land unterbunden werden soll. Ursache dafür können durchaus firmeninterne Beschlüsse sein, um genehmigungspflichtigen und damit oftmals komplizierten Geschäften aus dem Weg zu gehen.

Variante 2

Eine Alternative bietet die Installation eines Embargos, basierend auf einer gesetzlichen Grundlage für ein Bestimmungsland. So könnten beispielsweise die Embargos der Vereinten Nationen als gesetzliche Grundlage definiert und den Bestimmungsländern zugewiesen werden. Ein Beispiel dafür wäre das aktuelle Embargo gegenüber Nordkorea.

Variante 3

Die dritte Option stellt die Übernahme eines Embargos von einem Drittland gegen ein anderes dar. Beispielhaft können hier die politischen Einstellungen der USA gegenüber Syrien, Kuba oder dem Iran genannt werden, die als gesetzliche Grundlage, Abgangs- und Bestimmungsland festgehalten würden.

Embargo aufgrund gesetzlicher Grundlage

Im Auslieferungs-Customizing wird die gesetzliche Grundlagen EMBUN – Embargo United Nations mitgeliefert. Diese kann bei Bedarf angepasst und im Kundennamensraum gespeichert werden. Dabei sollte stets eine Kopie erzeugt werden, damit die Originaldatei erhalten bleibt.

4.2 Anlegen einer Embargosituation

Geben Sie in dem Datenfeld GESETZLICHE GRUNDLAGE, wie in Abbildung 4.2 ersichtlich, die Embargoverordnung der Vereinten Nationen *EMBUN* ein. Klicken Sie auf AUSFÜHREN.

Ergänzen Sie die Daten entsprechend Abbildung 4.3. Wählen Sie für neue Einträge die EMBARGOKATEGORIE *Gesetzl.Grundlage/Bestimmungsland*. Treffen Sie im Feld G.GRUNDL. die Auswahl *EMBUN*. Als Bestimmungsland (Spalte BEST.) geben Sie den ISO-Alpha-Code des Embargolandes ein, z. B. *IR* für Iran. Setzen Sie den Haken im Feld EMBARGO und ergänzen Sie die Gültigkeitsdaten.

Embargosituationen pflegen (Export)

Beschreibung Embargokategorie	G. Grundl.	Gesetzl. Grundlage	Abg...	Bezeichnung	Best...	Bezeichnung	Emb.	Gültig ab	Gültig bis
Gesetzl. Grundlage/Bestimmungsland	EMBUN	Embargo - United ...			RU	Russische Foed.	✓	01.01.2014	31.12.2020
Gesetzl. Grundlage/Bestimmungsland	EMBUN	Embargo - United ...			SY	Syrien	☐	01.01.1900	31.12.2013
Gesetzl. Grundlage/Bestimmungsland	EMBUN	Embargo - United ...			SY	Syrien	✓	01.01.2014	30.12.9999
Gesetzl. Grundlage/Bestimmungsland	EMBUN	Embargo - United ...			IR	Iran	✓	01.03.2012	30.12.2020

Abbildung 4.3: Embargosituationen pflegen (Export)

4.3 Einrichten der Embargoprüfung

Nachdem die Embargosituation gepflegt ist, müssen Sie noch entscheiden, wie die Mitarbeiter über das Embargo bei der laufenden Arbeit informiert werden und welche Partnerrollen bzw. Partnerfunktionen betroffen sein sollen. Die Einstellungen dazu werden im Customizing des GTS-Systems gepflegt. Unter dem Pfad GLOBAL TRADE SERVICES • COMPLIANCE MANAGEMENT • EMBARGOPRÜFUNG • EMBARGOPRÜFUNG STEUERN können Systemreaktionen eingestellt werden. In der Abbildung 4.4 ist dies gut zu erkennen. Hier wurde definiert, dass der Mitarbeiter mittels einer E-Mail über eine Sperre informiert werden soll. Bei der FREIGABEBEGRÜNDUNG können Sie festlegen, ob eine Kommentarerfassung bzw. eine Begründungsangabe optional ist oder obligatorisch geschehen soll. Auch eine Kombination ist möglich.

Abbildung 4.4: Embargoprüfung steuern

Embargo – Freigabegründe

Das Ausbleiben einer Freigabebegründung ist nicht sinnvoll. Mit einer verpflichtenden Begründung wird die Freigabe noch einmal untermauert und der Mitarbeiter auf die Sensibilität des Themas aufmerksam gemacht.

Auch die Freigabegründe können Sie im Customizing des GTS-Systems erstellen. Wählen Sie dazu den Pfad GLOBAL TRADE SERVICES • COMPLIANCE MANAGEMENT • FREIGABEBEGRÜNDUNG FÜR GESPERRTE BELEGE UND GESCHÄFTSPARTNER DEFINIEREN. Abbildung 4.5 zeigt eine Auswahl freidefinierter Freigabebegründungen. Über das Eingabefeld NEUE EINTRÄGE können diese beliebig ergänzt werden.

Die Freigabebegründungen können sowohl für die Embargoprüfung als auch für die Sanktionslistenprüfung verwendet werden.

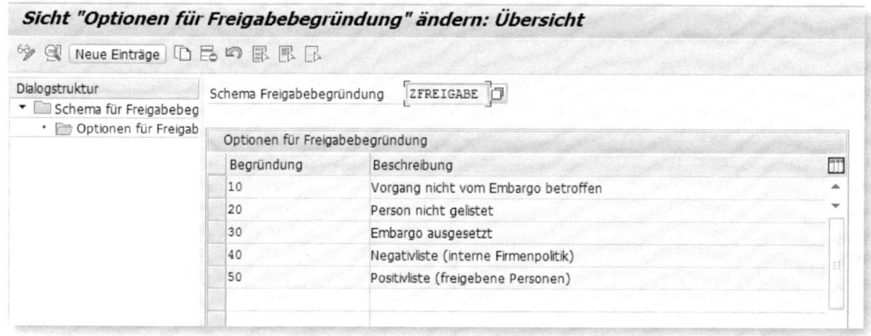

Abbildung 4.5: Freigabebegründung definieren

Ein weiterer zu klärender Punkt betrifft die Partnerrollen. Zu prüfen ist zum einen der Auftraggeber, zum anderen aber vor allem der Warenempfänger. Warenempfänger und Endverwender spielen gerade bei Vermittlungs- oder Streckengeschäften eine wichtige Rolle. Es kommt immer wieder vor, dass Distributoren Waren einkaufen und diese anschließend weiterverkaufen.

Embargo – Warenempfänger

Ein französischer Auftraggeber kauft bei Ihnen, in Deutschland, Ware mit dem Ziel, sie in ein anderes Land, z. B. Ägypten, weiterzuverkaufen. Somit sind die Rolle des Warenempfängers und die des Endkunden in die Prüfung aufzunehmen.

Die Festlegung, welche Partnerrolle für die Embargoprüfung gültig sein soll, findet sich unter dem Pfad GLOBAL TRADE SERVICES • ALLGEMEINE EINSTELLUNGEN • PARTNERSTRUKTUR • GRUPPIERUNGEN VON PARTNERFUNKTIONEN DEFINIEREN im Customizing des GTS-Systems. Wählen Sie die in Abbildung 4.6 gezeigte Sicht PARTNERGRUPPIERUNGEN ÄNDERN.

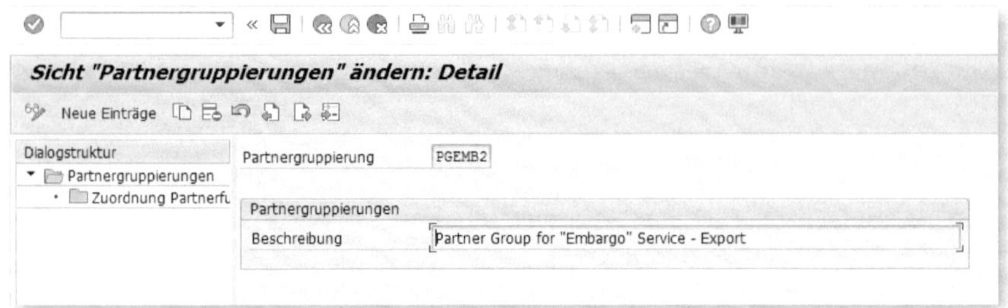

Abbildung 4.6: Partnergruppierungen ändern

Mit einem Doppelklick auf ZUORDNUNG PARTNERFUNKTION können die gewählten Partnerfunktionen eingesehen werden. Abbildung 4.7 zeigt die standardmäßig vorhandenen Partnerfunktionen.

Abbildung 4.7: Zuordnung Partnerfunktion

Es gibt jedoch die Option, weitere Partnerrollen zu definieren. Dies können im Zusammenhang mit dem Außenhandel Banken, Logistikdienstleister, Zolldeklaranten etc. sein – eben alle Partner, die in ein internationales Geschäft eingebunden sein können.

Das GTS-System prüft nun die Länderkürzel der eingebundenen Partner. Falls einer in einem Embargoland ansässig ist, wird der Beleg gesperrt.

4.4 Freigabe gesperrter Belege

Die Sperrung durch ein Embargo erfolgt rein länderbezogen. Ein in einem Embargoland ansässiger Kunde kann somit erst einmal nicht beliefert werden. Ebenso unmöglich ist der Bezug von Ware von einem Lieferanten aus einem Embargoland. Je nach Einstellung erhält der Anwender ein Informationsfenster zum gesperrten Beleg entsprechend Abbildung 4.8 angezeigt.

```
Referenznummer eines Belegs aus dem Vors Fehler
Position Service                                                  Status

4500017245                                Gesperrt / Geprüft
        Zollbeleg                                                 Gesperrt / Geprüft
     10 Embargoprüfung                                            Gesperrt / Geprüft
     10 Sanktionslistenprüfung                                    Frei / Geprüft
```

Abbildung 4.8: Erfolgreiche Embargosperre

Im GTS-System lassen Sie sich die vom System gesperrten Belege anzeigen. Verzweigen Sie dazu in das Bereichsmenü COMPLIANCE MANAGEMENT • GESETZLICHE KONTROLLE EXPORT • MONITORING • GESPERRTE BELEGE ANZEIGEN. Abbildung 4.9 zeigt eine Übersicht der vorhandenen Belege.

Gesetzliche Kontrolle: Gesperrte Exportbelege anzeigen

Gesperrte Belege mit Positionsdaten

Refnr.	LogSystem	SL-Prüfung	Embargo	Kontrolle	Bearb.st.	AH-Org.	Position	SL-Prüfung	Embargo	Kontrolle	Bearb.st.	Produktnr.	Land PL	Abg.Ind.	Best.Ind.	Land Endk.
12157	I67CLNT500					AHO_1000	10					T-BW03-20	DE	DE	SY	SY
	I68CLNT500					AHO_1000						T-BW03-20	DE	DE	SY	SY
12158						AHO_1000						T-BW03-20	DE	DE	SY	SY
12161						AHO_1000						T-BW03-20	DE	DE	SY	SY
12162						AHO_1000						T-BW03-20	DE	DE	SY	SY
12164						AHO_1000							DE	DE	SY	SY
12165						AHO_1000							DE	DE	SY	SY
12166						AHO_1000							DE	DE	SY	SY
12167						AHO_1000							DE	DE	SY	SY
12168						AHO_1000							DE	DE	SY	SY
12169						AHO_1000							DE	DE	SY	SY
12170						AHO_1000							DE	DE	SY	SY
12172						AHO_1000							DE	DE	SY	SY
12174						AHO_1000							DE	DE	SY	SY
12217						AHO_1000						T-BW03-20	DE	DE	SY	SY

Abbildung 4.9: Übersicht gesperrter Exportbelege

Wenn Sie einen Beleg auswählen, erhalten Sie über das Symbol (Protokoll) detaillierte Auskunft darüber, warum der Beleg gesperrt wurde. So wurde beispielsweise der Beleg *12158* in Abbildung 4.10 aufgrund eines Embargos der UN gesperrt.

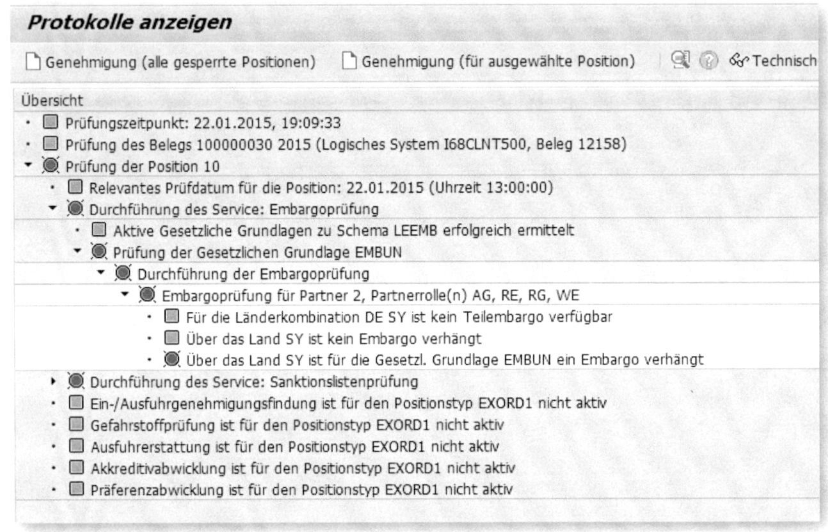

Abbildung 4.10: Protokoll zu gesperrtem Exportbeleg

Zur Freigabe eines gesperrten Beleges verzweigen Sie in COMPLIANCE MANAGEMENT • GESETZLICHE KONTROLLE EXPORT • GESPERRTE BELEGE FREIGEBEN.

Geben Sie im Bereich BELEGDATEN VORSYSTEM in das Feld REFERENZNUMMER die Belegnummer ein, in Abbildung 4.11 ist es die Nummer *12158*. Wählen Sie anschließend AUSFÜHREN.

Abbildung 4.12 zeigt eine Übersicht zum gesperrten Beleg.

Gesperrte Exportbelege freigeben (Embargo)

Gesetze			
Gesetzliche Grundlage		bis	

Organisation			
Außenhandelsorganisation		bis	
Verwenderbetrieb		bis	

Belegdaten SAP GTS			
Belegnummer		bis	
Jahr		bis	
Belegart		bis	
Angelegt von		bis	
Angelegt am		bis	
Projektnummer		bis	

Belegdaten Vorsystem			
Referenznummer	12158	bis	
Logisches System		bis	
Objekttyp		bis	
Angelegt von		bis	
Geändert von		bis	

Abbildung 4.11: Gesperrte Exportbelege freigeben

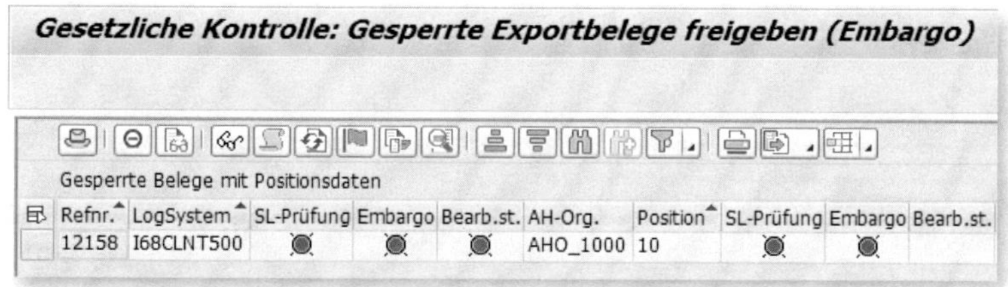

Gesetzliche Kontrolle: Gesperrte Exportbelege freigeben (Embargo)

Gesperrte Belege mit Positionsdaten

Refnr.	LogSystem	SL-Prüfung	Embargo	Bearb.st.	AH-Org.	Position	SL-Prüfung	Embargo	Bearb.st.
12158	I68CLNT500				AHO_1000	10			

Abbildung 4.12: Übersicht zum gesperrten Beleg

Mit Klick auf das Fähnchen in der Iconzeile kann der Beleg freigegeben werden. Sie werden noch einmal gefragt, ob die Sperre tatsächlich aufgehoben werden soll, Abbildung 4.13 zeigt dieses Dialogfenster.

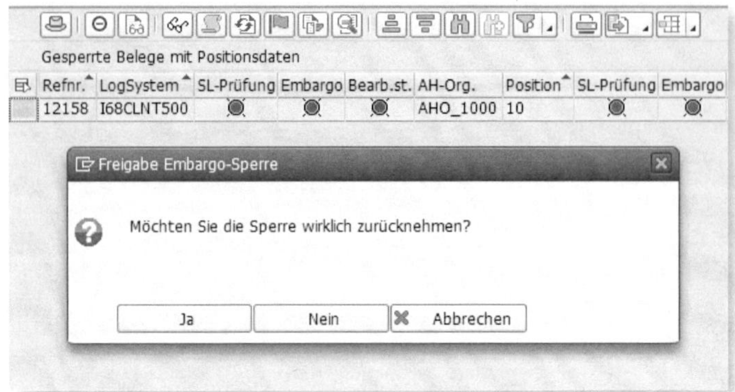

Abbildung 4.13: Hinweis Rücknahme der Sperre

Wenn Sie auf Ja klicken, können Sie in das sich öffnende Dialogfenster einen Freigabegrund (Abbildung 4.14) eingeben. Wählen Sie Übernehmen und speichern Sie Ihre Eingaben.

Abbildung 4.14: Freigabegrund Embargo

Freigegebene Belege lassen sich über den Menüpunkt COMPLIANCE MANAGEMENT • EMBARGO • FREIGEGEBENE BELEGE ANZEIGEN aufrufen (siehe Abbildung 4.15).

Beleg	Objekttyp	LogSystem	Beleg Nr.	Jahr	Belegart	AH-Org.
12158	BUS2032	I68CLNT500	100000030	2015	EXPORD	AHO_1000
12158	BUS2032	I67CLNT500	100000001	2014	EXPORD	
12163	BUS2032	I68CLNT500	100000013	2014	EXPORD	

Abbildung 4.15: Übersicht freigegebene Belege

Über den Menüpunkt AUDIT besteht die Möglichkeit, die Freigabegründe aufzurufen und zu analysieren. Das Protokoll gibt Aufschluss darüber, wann und von wem eine Embargosperre aufgehoben wurde.

5 Sanktionslistenprüfung

Der Gesetzgeber verpflichtet Unternehmen, ihre Geschäftspartner gegen bestehende Sanktionslisten zu prüfen. Diese Listen weisen natürliche und juristische Personen aus, gegen bzw. für die wirtschaftliche und/oder rechtliche Einschränkungen ausgesprochen wurden – etwa, weil sie unter dem Verdacht stehen, terroristische Handlungen begehen, veranlassen, fördern oder erleichtern zu wollen, und somit potenziell die öffentliche Sicherheit (nicht nur der Bundesrepublik Deutschland) gefährden.

Die Sanktionslisten werden stetig vom Gesetzgeber überarbeitet und den aktuellen Gegebenheiten angepasst. In der heutigen Zeit sind die Medien voll von Nachrichten aus Krisengebieten und neuen UN-Resolutionen. Umso mehr ist die Notwendigkeit gegeben, Warenlieferungen an verdächtige Personen oder Firmen zu unterbinden. Die EU hat diverse Verdächtige ermittelt, die USA weitere. Jedes Land hat seine eigenen Bewertungsstrategien, ab wann eine Person als verdächtig einzustufen ist. Somit werden beim Einpflegen der Sanktionslisten auch die Strategien anderer Länder in Betracht gezogen.

Im Kapitel 4 wurden die länderbezogenen Sanktionen erläutert. Genau wie diese sind auch die Sanktionslisten für jedermann einsehbar. Auf der Seite des Bundesamtes für Wirtschaft und Ausfuhrkontrolle (BAFA) werden im Zusammenhang mit den länderbezogenen auch die personenbezogenen Einschränkungen veröffentlicht. Wie in Abbildung 5.1 ersichtlich, gewährt die Seite des BAFA einen guten Überblick über die Kontrollmaßnahmen.

Informationen zum Thema

- Publikationen
- Embargoverordnungen
- Gemeinsame Standpunkte des Rates

Maßnahmen gegen sonstige Terrorverdächtige

Mit der Verordnung (EG) Nr. 2580/2001 vom 27. Dezember 2001 hat die Europäische Union auf der Grundlage der UN-Resolution Nr. 1373 (2001) Embargomaßnahmen gegen Personen und Organisationen getroffen, die terroristische Handlungen begehen, zu begehen versuchen, an diesen beteiligt sind, diese fördern oder erleichtern und nicht mit Osama bin Laden, dem Al-Qaida-Netzwerk oder den Taliban in Verbindung stehen (und somit nicht in der Namensliste der Verordnung (EG) Nr. 881/2002 aufgeführt werden).

Nach § 74 Abs. 2 Nr. 1 AWV, der die Regelungen des Gemeinsamen Standpunktes 2001/930/GASP in nationales Recht überführt, unterliegen die im Anhang der Verordnung (EG) Nr. 2580/2001 genannten Personen und Einrichtungen dem Waffenembargo.

Gelder und wirtschaftlichen Ressourcen der im Anhang dieser Verordnung aufgeführten sonstigen terrorverdächtigen Personen und Einrichtungen werden eingefroren. Für diese Personen und Einrichtungen gilt auch das Bereitstellungsverbot.

Informationen zum Thema

- Embargoverordnungen
- Änderungs- und Durchführungsverordnungen
- Gemeinsame Standpunkte des Rates
- Publikationen

Ergänzender Hinweis

Die Anhänge aller genannten Verordnung unterliegen regelmäßigen Anpassungen. Das BAFA veröffentlicht an dieser Stelle nur die letzte Änderung der Sanktionslisten. Sämtliche Änderungen der Sanktionslisten finden Sie unter ↗ Finanz-Sanktionsliste.

Abbildung 5.1: BAFA – Übersicht der Kontrollmaßnahmen

5.1 Justizportal des Bundes und der Länder

Im unteren Bereich der obigen Abbildung finden Sie einen Verweis auf das Justizportal des Bundes und der Länder. Darüber werden Sie auf die *Finanz-Sanktionsliste* geleitet, in der Sie manuell jeden Ihrer Kontakte prüfen können. Bei einem Kundenstamm von mehreren Hundert Adressen ist dies sicher kein anwenderfreundliches Unterfangen, dennoch ein Angebot, welches kostenlos genutzt werden kann. Abbildung 5.2 bietet einen Blick auf die Selektion:

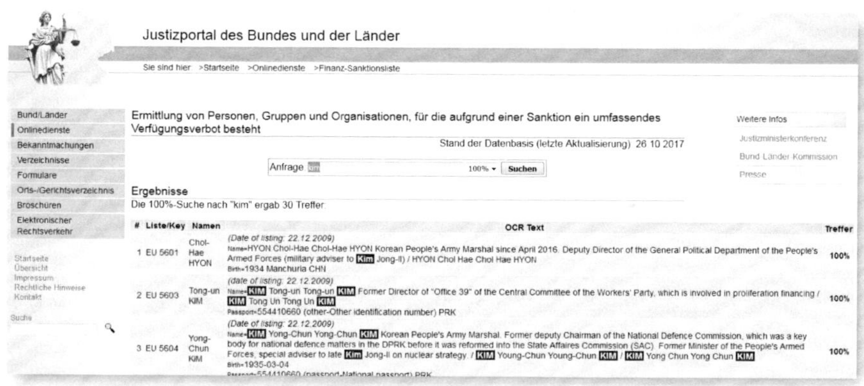

Abbildung 5.2: Justizportal des Bundes – Anfrage »Kim«

Geben Sie unter ANFRAGE den Namen einer Person, Firma oder Organisation ein. Wählen Sie dann den Prozentsatz der Übereinstimmung aus und klicken Sie auf das Feld SUCHEN. Die Datenbank gibt daraufhin eine Liste mit den gefundenen Treffern aus.

In Abbildung 5.2 soll auch gezeigt werden, dass Terrorverdächtige nicht immer arabisch klingende Namen haben müssen. Abbildung 5.3 wiederum soll demonstrieren, dass eine gesuchte Person ihren Aufenthaltsort auch in Deutschland haben kann.

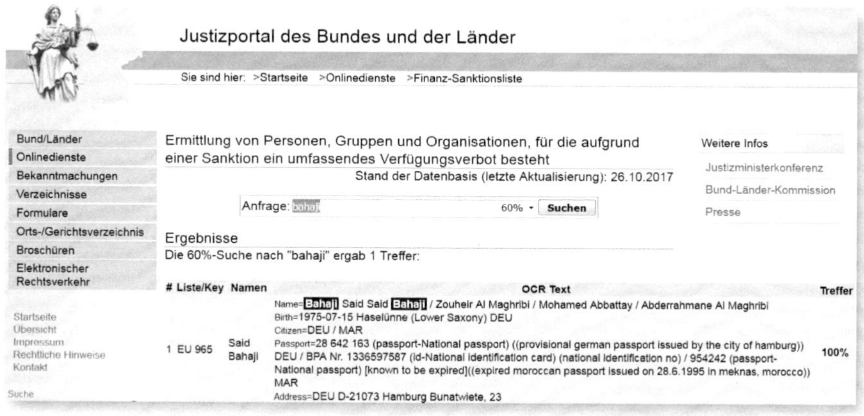

Abbildung 5.3: Terrorverdächtiger mit Wohnsitz in Deutschland

Die kostenlose Datenbank finden Sie unter folgendem Link: *http://www.finanz-sanktionsliste.de/fisalis/jsp/index.jsf*

Dieses Angebot mag für die schnelle Suche und zur Demonstration interessant sein, für die kontinuierliche Überprüfung von Kunden-, Lieferantenstamm, Dienstleistern, Mitarbeitern oder Banken ist sie aber sicher nicht geeignet. Hier haben sich am Markt Datenlieferanten etabliert, die die Sanktionslisten in unterschiedlichen Formaten anbieten. Diese Datenbanken können unkompliziert in das SAP-GTS-System hochgeladen werden. Wählen Sie dazu den Pfad Compliance Management • Sanktionslistenprüfung • Stammdaten. Im Einstiegsbild Sanktionslisten wird die Transaktion *Sanktionslisten aus XML-Datei laden* angeboten.

Sobald hier der Befehl Ausführen gewählt wird, erscheint das Datenfeld gemäß Abbildung 5.4.

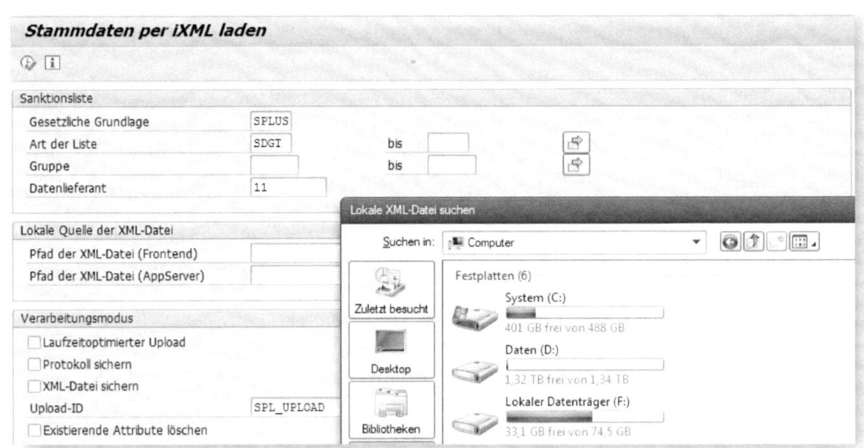

Abbildung 5.4: Stammdaten SL – Datenupload

Wählen Sie die Gesetzliche Grundlage, die Art der Liste sowie einen Datenlieferanten und selektieren Sie den Pfad zur Datenquelle. Mit dem Befehl Ausführen werden die Daten hochgeladen.

Hinterlegen der Sanktionsliste auf Ihrem Desktop

Die Quelldatei zur Sanktionsliste muss auf Ihrem PC abgelegt sein.

Bereits während der Datenimplementierung werden die Einträge auf Plausibilität geprüft. In sich schlüssige, also konsistente Daten werden umgehend in die Stammdatenbank übernommen, fehlerhafte Datensätze können nach Überarbeitung eingespeist werden.

Setzen Sie den Puffer zurück

Bevor Sie neue Datensätze hochladen, ist es angeraten, den Customizing- und Anwendungspuffer zurückzusetzen. Die Transaktion finden Sie im Bereichsmenü des GTS-Mandanten: COMPLIANCE MANAGEMENT • SANKTIONSLISTENPRÜFUNG • STAMMDATEN • CUSTOMIZING-/ ANWENDUNGSPUFFER.

Eine manuelle Eingabe der Stammdaten ist auch möglich, aber aufgrund der Menge eher nicht anzuraten. Das Datenblatt könnte wie in Abbildung 5.5 aussehen. Die Transaktion zur Datenpflege erreichen Sie im GTS-Mandanten unter COMPLIANCE MANAGEMENT • SANKTIONSLISTENPRÜFUNG • STAMMDATEN • SANKTIONSLISTEN BEARBEITEN • SL-DATEN ANLEGEN.

Die im Datenblatt gezeigten Daten sind oft unvollständig. Der Grund dafür ist, dass schlicht nicht immer alle Daten vorliegen und einige Felder daher offen sind. Beim erneuten Hochladen aktualisierter Datensätze kann es aufgrund fehlerhaft oder nicht ausreichend befüllter Felder zu Plausibilitätsfehlern kommen, die dann manuell nachbearbeitet werden können.

Abbildung 5.5: SL-Datensatz anlegen

5.2 Datenanbieter

Ein bekannter Datenanbieter ist der *Bundesanzeiger Verlag*. Über ihn können die Stammdatensätze bezogen und im benötigten Dateiformat hochgeladen werden. Ein Stammdatensatz kann beispielsweise die Daten aus Abbildung 5.6 enthalten. Darin sind alle bekannten Informationen bzgl. einer terrorverdächtigen Person zu einem Stichtag gesammelt und bekannt gegeben. Diese Abbildung zeigt auch, dass die gesuchten Personen nicht im Nahen Osten, in Syrien oder dem Irak beheimatet sein müssen, sondern durchaus ihren Wohnort in Deutschland haben können.

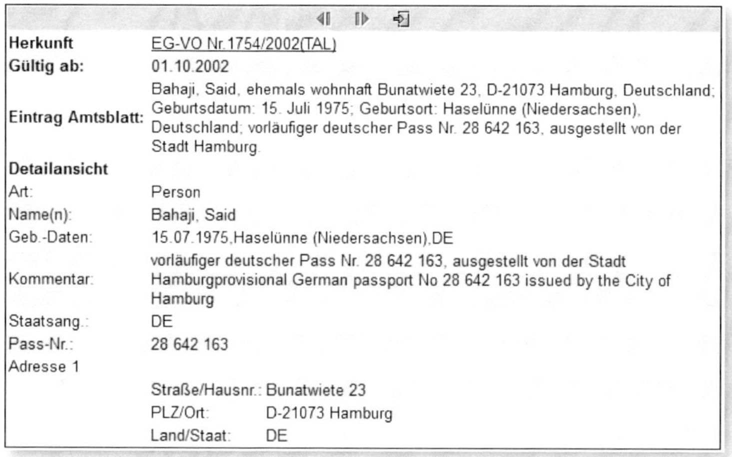

Herkunft	EG-VO Nr.1754/2002(TAL)
Gültig ab:	01.10.2002
Eintrag Amtsblatt:	Bahaji, Said, ehemals wohnhaft Bunatwiete 23, D-21073 Hamburg, Deutschland; Geburtsdatum: 15. Juli 1975; Geburtsort: Haselünne (Niedersachsen), Deutschland; vorläufiger deutscher Pass Nr. 28 642 163, ausgestellt von der Stadt Hamburg.
Detailansicht	
Art:	Person
Name(n):	Bahaji, Said
Geb.-Daten:	15.07.1975,Haselünne (Niedersachsen),DE
Kommentar:	vorläufiger deutscher Pass Nr. 28 642 163, ausgestellt von der Stadt Hamburgprovisional German passport No 28 642 163 issued by the City of Hamburg
Staatsang.:	DE
Pass-Nr.:	28 642 163
Adresse 1	
	Straße/Hausnr.: Bunatwiete 23
	PLZ/Ort: D-21073 Hamburg
	Land/Staat: DE

Abbildung 5.6: Sanktionslisteneintrag vom Bundesanzeiger Verlag

Sollte ein Terrorverdächtiger unter mehreren Namen bekannt sein, so findet sich auch das in den Einträgen wieder. In Abbildung 5.7 ist gut zu sehen, welche Daten, darunter durchaus mehrere Namen, zu einem Verdächtigen bekannt sind. Diese unterschiedlichen Namen können mit einer entsprechenden Kennung *AKA – Also Known As* (»auch bekannt als«) im System gespeichert werden.

Herkunft	EG-VO Nr. 951/2002(TAL)
Gültig ab:	03.06.2002
Eintrag Amtsblatt:	AL-FAWAZ, Khalid (auch bekannt als AL-FAUWAZ, Khaled; AL-FAUWAZ, Khaled A.; AL-FAWWAZ, Khalid; AL-FAWWAZ, Khalik; AL-FAWWAZ, Khaled; AL FAWWAZ, Khaled); geboren am 25. August 1962; 55 Hawarden Hill, Brooke Road, London NW2 7BR, Vereinigtes Königreich.
Detailansicht	
Art:	Person
Name(n):	AL FAWWAZ, Khaled | AL FAWWAZ, Khalik | AL-FAUWAZ, Khaled | AL-FAUWAZ, Khaled A. | AL-FAWAZ, Khalid | AL-FAWWAZ, Khaled | AL-FAWWAZ, Khalid | AL-FAWWAZ, Khalik
Geb.-Daten:	25.08.1962,
Adresse 1	
	Straße/Hausnr.: Brooke Road 55
	Stadtteil: Hawarden Hill
	PLZ/Ort: NW2 7BR London
	Land/Staat: GB

Abbildung 5.7: SL-Eintrag AKA

Im System könnte der Eintrag dann entsprechend Abbildung 5.8 vorgenommen werden.

Abbildung 5.8: SL-Eintrag AKA im System

5.3 Vergleichsbegriffe für SL-Stammdaten

Mit dem Eintrag des Stammdatensatzes oder dem Hochladen ganzer Datensätze wird der *Vergleichsindex* für Sanktionslisten erstellt. Zum Generieren der entsprechenden Vergleichsbegriffe wählen Sie folgenden Pfad: COMPLIANCE MANAGEMENT • SANKTIONSLISTENPRÜFUNG • STAMMDATEN • VERGLEICHSINDEX GENERIEREN. Im sich öffnenden Fenster pflegen Sie die Felder GESETZLICHE GRUNDLAGE und ART DER LISTE und entfernen den Haken beim SIMULATIONSMODUS, wie in Abbildung 5.9.

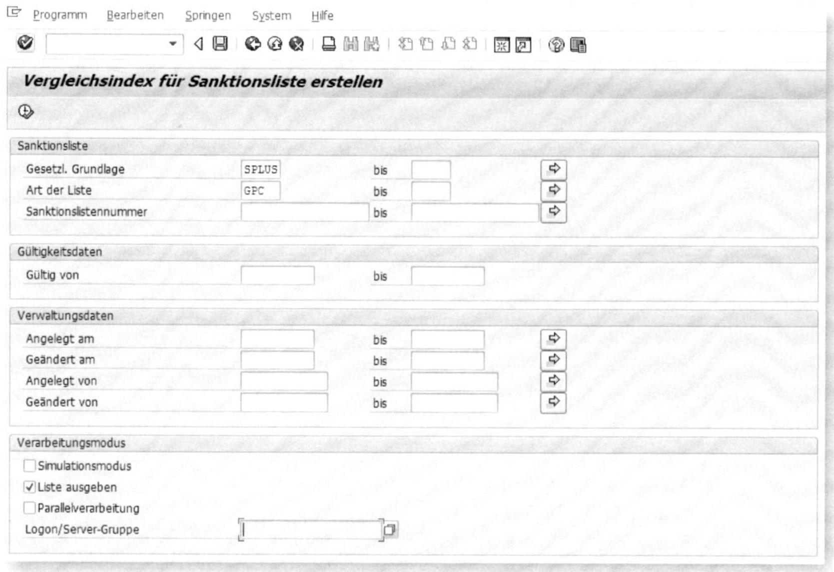

Abbildung 5.9: Vergleichsindex – Dateneinstieg

In diesem Beispiel wurden die GESETZLICHE GRUNDLAGE *SPLUS* – Sanctioned Party List Screening (Sanktionsliste der US) – sowie die Liste *GPC* – German Proliferation Concerns (Concern List Only) – ausgewählt.

Setzen Sie einen Haken bei LISTE AUSGEBEN und wählen Sie AUSFÜHREN. Abbildung 5.10 zeigt das Ergebnis.

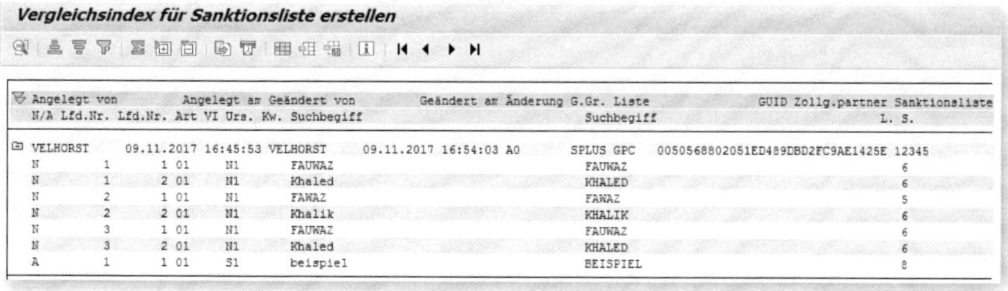

Abbildung 5.10: Vergleichsindex – ausgegebene Liste

Damit die verdächtigen Personen vom System gefunden werden können, müssen Sie Vergleichsbegriffe bestimmen, anhand derer die Namen der Kunden, Lieferanten oder Bewerber mit den Sanktionslisten abgeglichen werden. Ein Stammsatz wird in einzelne Sektionen unterteilt. Das sind klassischerweise

- Vorname,
- Nachname,
- Adresse mit Straße, Ort und Land,
- Geburtsdatum,
- Geburtsort,
- Nummer des Ausweises,
- Firmierung.

Das System legt die Stammdaten zur Adresse mit den Vergleichsbegriffen übereinander und bestimmt den Grad der Übereinstimmung. Dieser kann variieren; in der Regel ist keine hundertprozentige Übereinstimmung zwischen Sanktionslisteneintrag und Adresse notwendig, um einen Treffer zu generieren. Im Gegenteil! Oft erscheinen die angezeigten Treffer geradezu irrwitzig. Der Grund dafür liegt in der Logik der Sanktionslistenprüfung. Dazu im Folgenden mehr.

5.4 Steuerung für Vergleichsbegriffe

In der Steuerung der Sanktionslistenprüfung wird festgelegt, wie viele Zeichen des Sanktionslisteneintrags mit der tatsächlichen Adresse übereinstimmen sollen. Die Steuerung finden Sie im Customizing des GTS unter GLOBAL TRADE SERVICES • COMPLIANCE MANAGEMENT • SANKTIONSLISTENPRÜFUNG • SANKTIONSLISTENPRÜFUNG STEUERN. Es müssen somit nicht komplette Namen oder Straßenbezeichnungen übereinstimmen, sondern nur eine hier definierte Anzahl von aufeinanderfolgenden Zeichen (siehe Abbildung 5.11).

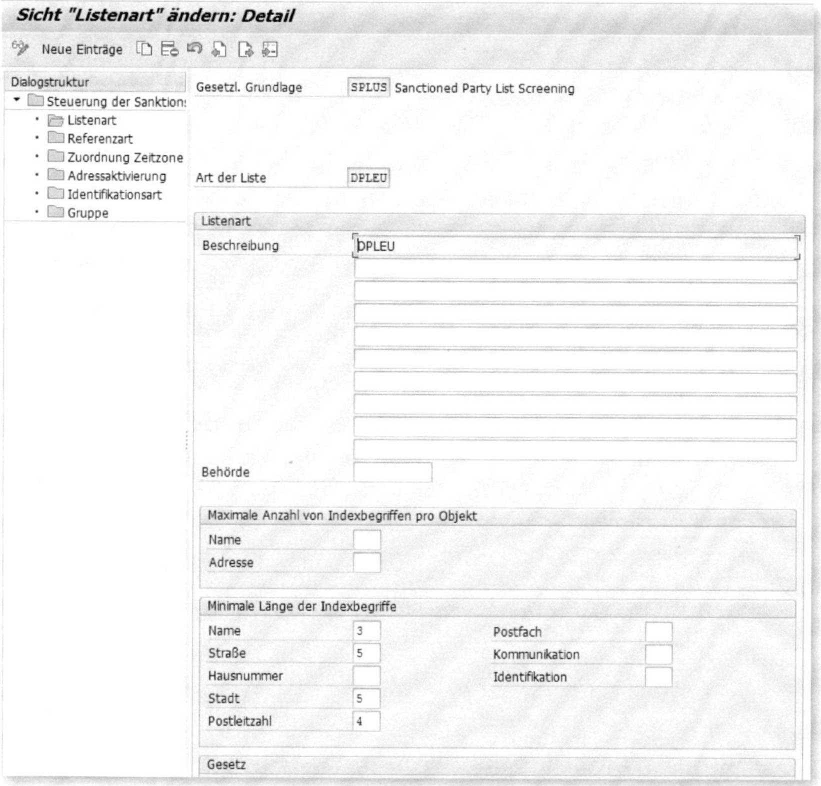

Sicht "Listenart" ändern: Detail
Neue Einträge
Dialogstruktur
Steuerung der Sanktion:
Listenart
Referenzart
Zuordnung Zeitzone
Adressaktivierung
Identifikationsart
Gruppe
Gesetzl. Grundlage SPLUS Sanctioned Party List Screening
Art der Liste DPLEU
Listenart
Beschreibung DPLEU
Behörde
Maximale Anzahl von Indexbegriffen pro Objekt
Name
Adresse
Minimale Länge der Indexbegriffe
Name 3
Straße 5
Hausnummer
Stadt 5
Postleitzahl 4
Postfach
Kommunikation
Identifikation
Gesetz

Abbildung 5.11: Mindestlänge des Indexeintrages

Im unteren Bereich MINIMALE LÄNGE DER INDEXBEGRIFFE legen Sie fest, welche Länge ein zu prüfender Eintrag des Namens, der Straße, Hausnummer, Stadt und Postleitzahl mindestens haben soll. In diesem Beispiel würde man unter den Namen nach Einträgen suchen, die mindestens drei zusammenhängende Zeichen haben, die mit einem Sanktionslisteneintrag übereinstimmen. Diese Auswahl kann jedoch zu Problemen führen. Viele asiatische Namen bestehen nur aus zwei Buchstaben, wie z. B. Ng, Wu, Xu und andere mehr. Diese Namen werden bei der Prüfung also gar nicht berücksichtigt, da sie laut Indexeintrag zu kurz sind.

Finden in Sanktionslisten

Ein Name in Abbildung 5.8 lautet unter anderem AL-FAUWAZ. Mit den in Abbildung 5.11 getroffenen Einstellungen würde das System nach Einträgen mit drei zusammenhängenden Buchstaben suchen, wie sie entsprechend in diesem Namen enthalten sind. Als Treffer könnten etwa Kunden mit dem Namen »Faulmann« oder »Wazmeier« angezeigt werden – bei Faulmann aufgrund der Übereinstimmung mit »FAU«, bei Wazmeier mit »WAZ«.

Gemäß den Eintragungen in Abbildung 5.11 müsste die Straße mindestens aus fünf Zeichen bestehen, eine Hausnummer wäre nicht zwingend erforderlich, die Stadt soll hier ebenfalls aus fünf und die Postleitzahl aus vier Zeichen bestehen. Adressbausteine, die die Kriterien dieser Definition nicht erfüllen, werden automatisch nicht geprüft. Über die Festlegung der Mindestlänge beeinflussen Sie also direkt die Sanktionslistenprüfung und das Ergebnis der später angezeigten Treffer.

Auch ist es möglich, speziell definierte Adressbestandteile und Sonderzeichen auszuschließen. Trennungszeichen, sogenannte *Delimiter*, oder Firmierungen wie »GmbH« oder »Limited« können die Liste der möglichen Treffer deutlich verlängern und so zu einem erhöhten Arbeitsaufkommen beim Überprüfen der Listen führen.

Die Steuerung der Vergleichsbegriffe finden Sie unter COMPLIANCE MANAGEMENT • SANKTIONSLISTENPRÜFUNG • STAMMDATEN • STEUERUNG VERGLEICHSBEGRIFFE • ALLGEMEINE EINSTELLUNGEN.

Wählen Sie , erscheint die Sicht aus Abbildung 5.13 und kann mit den gewünschten Texten, Aliasbegriffen etc. befüllt werden.

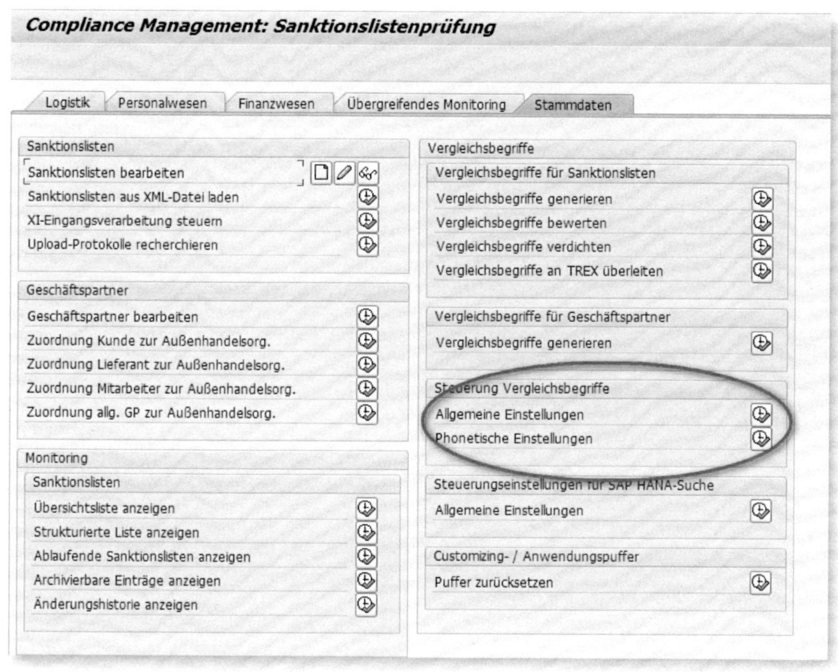

Abbildung 5.12: Vergleichsbegriffe steuern

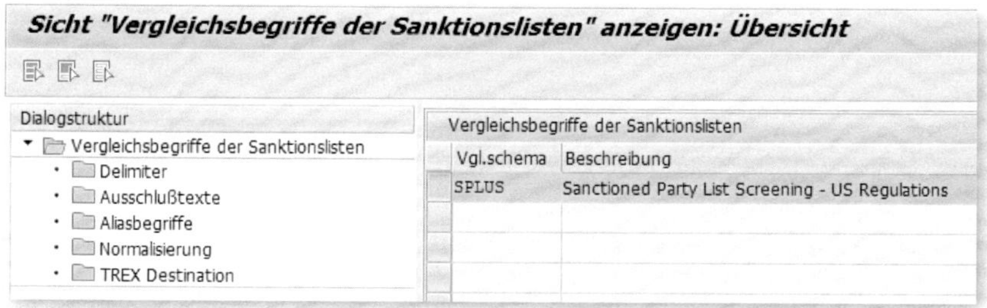

Abbildung 5.13: Vergleichsbegriffe der Sanktionslisten

Zu den Delimitern zählen unter anderem Semikolon, Punkt, Komma, Doppelpunkt, Bindestrich etc. Mit Definition dieser Trennungsmerkmale segmentiert das System Doppelnamen bei Straßen- oder Personennamen. So wird beispielsweise die Kurt-Schumacher-Allee in Suchelemente unterteilt, nämlich Kurt, Schumacher und Allee.

Bei den AUSSCHLUSSTEXTEN können Sie unterschiedliche, immer wiederkehrende Begriffe eintragen. Abbildung 5.14 zeigt ein paar Beispiele.

Vergleichsschema	Ausschlusstext
SPLUS	AIR
SPLUS	AIRLINE
SPLUS	AIRLINES
SPLUS	AMERICA
SPLUS	AND
SPLUS	ASSOC
SPLUS	ASSOCIAT
SPLUS	ASSOCIATE
SPLUS	ASSOCIATED
SPLUS	ASSOCIATES
SPLUS	BANK
SPLUS	CO
SPLUS	CORP
SPLUS	CORPORATION
SPLUS	INC
SPLUS	INCORP
SPLUS	INCORPORATED

Abbildung 5.14: Ausschlusstexte

Weitere Begriffe könnten sein

- GmbH,
- LTD,
- Limited,
- Import,
- Export,
- Organisation.

Ausschlusstext mit Vorsicht wählen

Ausschlusstexte sind mit Bedacht zu wählen! Ein einmal eingetragener Ausschlusstext wird von der Prüfung ausgenommen. Sollte sich ein solcher Text in irgendeiner Weise bei einer sanktionierten Person oder Organisation wiederfinden, so würde es zu keinem Treffer kommen. Ein Ausschlusstext mit Begriffen wie »Kim« oder »Osama« würde demnach bei der Sanktionslistenprüfung nicht berücksichtigt werden.

Im globalen Geschäft kommt es regelmäßig zu Abkürzungen, Umgangssprache oder dem Gebrauch von Spitznamen. Abbildung 5.15 zeigt eine Auswahl möglicher Aliasnamen.

Sicht "Aliasbegriffe" ändern: Übersicht

Neue Einträge

Dialogstruktur
- Vergleichsbegriffe der Sanktionslisten
  - Delimiter
  - Ausschlußtexte
  - Aliasbegriffe
  - Normalisierung
  - TREX Destination

Aliasbegriffe

Vergleichsschema	Basis des Alias	Austausch zum Alias
SPLUS	DANIEL	DAN
SPLUS	LADIN	LADEN
SPLUS	MICHAEL	MIKE
SPLUS	ROBERT	BOB
SPLUS	THEODORE	TED
SPLUS	USAMA	OSAMA

Abbildung 5.15: Aliasbegriffe

So werden beispielsweise »Bob« als Kurzform von Robert oder die unterschiedlichen Schreibweisen »Laden« und »Ladin« im System als gleichwertig gedeutet. Als Ergebnis würden Kontakte mit dem Namensinhalt »Laden« oder »Ladin« zu Treffern führen. Der Anwender muss dann entscheiden, ob es sich dabei nun tatsächlich um die sanktionierte Person/Organisation handelt oder nicht.

Ein großes Problem stellt die Phonetik von Namen dar. So können arabische, asiatische oder afrikanische Namen oft nicht eins zu eins übernommen werden. Für diese Namen ist es sinnvoll, entsprechende Aliasbegriffe zu verwenden, beispielsweise kann der arabische

Name »Mohamed« in ganz unterschiedlicher Schreibweise dargestellt werden: Mohammed, Muhammed oder Mohamed etc.

Im Bereich NORMALISIERUNG können Sonderzeichen der deutschen Sprache wie der Umlaut »ä« in die Buchstabenfolge »ae« umgewandelt werden.

5.5 Konfiguration des Vergleichsschemas

Welche Teile der Adresse das System prüfen soll, legen Sie in der Konfiguration des Vergleichsschemas fest. Diese finden Sie im Customizing des GTS-Mandanten unter GLOBAL TRADE SERVICES • COMPLIANCE MANAGEMENT • SANKTIONSLISTENPRÜFUNG • VERGLEICHSSCHEMA DEFINIEREN • VERGLEICHSSCHEMA FÜR SAP-GTS-SUCHE DEFINIEREN.

Im Einstieg sehen Sie die DETAILSTEUERUNG. Hier wird nun festgelegt, welche Adresssegmente überhaupt in die Prüfung miteinbezogen werden sollen. Für das Vergleichsschema *SPLUS* sind das die Felder

- Land,
- Stadt,
- Name und
- Straße.

Mit den Verknüpfungsoperatoren »UND« bzw. »ODER« entscheiden Sie die Komplexität der Prüfung. Die in Abbildung 5.16 gezeigte Zusammenstellung ist im Auslieferungs-Customizing für das Vergleichsschema SPLUS enthalten und kann nach eigenem Bedarf ergänzt werden.

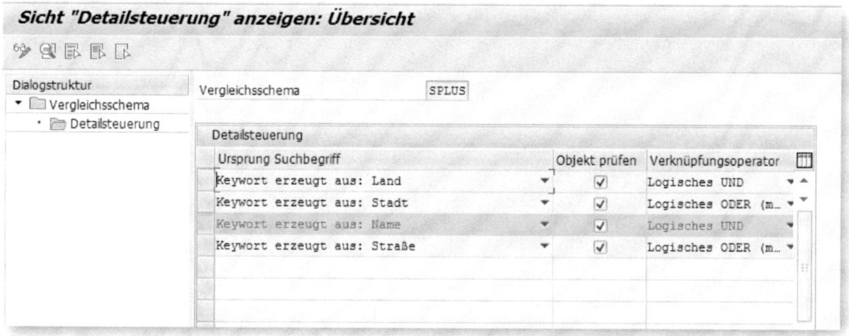

Sicht "Detailsteuerung" anzeigen: Übersicht

Dialogstruktur
- Vergleichsschema
  - Detailsteuerung

Vergleichsschema SPLUS

Detailsteuerung

Ursprung Suchbegriff	Objekt prüfen	Verknüpfungsoperator
Keywort erzeugt aus: Land	☑	Logisches UND
Keywort erzeugt aus: Stadt	☑	Logisches ODER (m...
Keywort erzeugt aus: Name	☑	Logisches UND
Keywort erzeugt aus: Straße	☑	Logisches ODER (m...

Abbildung 5.16: Detailsteuerung Vergleichsschema

Jedem Teil einer Adresse, das der Prüfung unterzogen werden soll, muss solch ein logischer Zusammenhang zugeordnet werden. Im Vergleichsschema SPLUS haben die Adresssegmente »Land« und »Name« den Verknüpfungsfaktor *Logisches UND*, die Adressanteile »Stadt« und »Straße« dagegen *Logisches ODER* (d. h., mindestens eine ODER-Verknüpfung muss erfüllt sein). Daraus folgt für unser Beispiel:

1. Es muss mindestens ein weiterer Adressteil aus »Stadt« oder »Straße« positiv zugewiesen werden können.
2. »Land«, »Name« und ein weiteres Kriterium aus »Straße« oder »Stadt« müssen übereinstimmen.

Verzweigen Sie dann auf URSPRUNG SUCHBEGRIFF, indem Sie den gewünschten Eintrag zum Beispiel *Keywort erzeugt aus: Name* und anschließend die dazugehörigen Dateileinträge mittels der Lupe wählen. In Abbildung 5.17 sehen Sie die gewünschten Übereinstimmungssätze in Prozent.

Abbildung 5.17: Übereinstimmung in Prozent

Um einen Treffer zu genieren, müssen in der Detailansicht zwei Prozentsätze gepflegt werden. Der erste Prozentsatz, hier *71,00 %*, bestimmt die Höhe der Übereinstimmung eines Suchbegriffs mit einem Eintrag in der Sanktionsliste.

Sanktionslistenprüfung

Der Kunde Geoffrey Dean soll gegen die Sanktionsliste geprüft werden. Der Originalsuchbegriff lautet DEAN. Ein Eintrag in der Sanktionsliste lautet auf den Namen Ahmed Egipteanul. Im Namen Egipteanul sind drei von vier der geforderten Zeichen enthalten. DEAN ist also zu 75 Prozent in Egipteanul enthalten.

Es würde somit zu einem Treffer kommen (vgl. Abbildung 5.18).

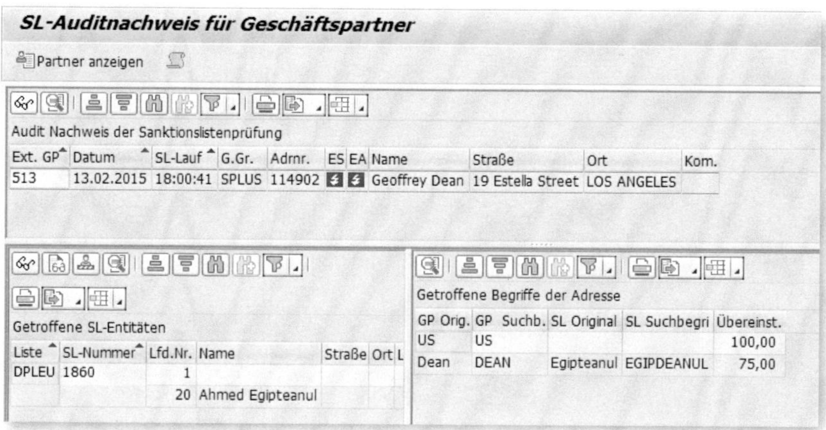

Abbildung 5.18: Auditnachweis für 75 Prozent

Mit der zweiten Prozentzahl wird die Übereinstimmung der Anzahl der Begriffe in einem Sanktionslisteneintrag verglichen.

Übereinstimmung bei Sanktionslistenprüfung

Ein Name besteht in der Regel aus einem Vor- und einem Nachnamen. Diese zweite Prüfung vergleicht lediglich quantitativ, also die Anzahl der Namen und der darin enthaltenen Übereinstimmungen.

Besteht der Eintrag aus Vor- und Nachname, entspricht das unserem Suchbegriff »Geoffrey Dean« – wir erhalten zwei Treffer. Dann werden die Namensteile selber geprüft; in unserem Fall ist der gesuchte Namensteil DEAN einmal enthalten, und wir hätten eine 50-prozentige Übereinstimmung. Somit reicht eine Übereinstimmung von 50 Prozent aus, um einen Eintrag zu identifizieren (siehe Abbildung 5.19).

	Adresse Geschäftspartner	Eintrag Sanktionsliste
Name	Geoffrey Dean	Ahmed Egipteanul / Suchbegriff
Gesamtzahl der Namen	2	2
Anzahl der übereinstimmenden Suchbegriffe DEAN	1	1
Übereinstimmungsgrad in %	1:2 = ½ => 50 %	

Abbildung 5.19: Berechnung der Übereinstimmung mit Sanktionsliste

Sicherheitsvariante bei Sanktionslisten

Fehlt in einem Sanktionslisteneintrag das Geburtsland der verdächtigen Person, so geht das System von der Sicherheitsvariante aus und bestimmt dessen Aufenthaltsort als identisch mit dem Geburtsort – in dem obigen Beispiel in Abbildung 5.18 also mit 100 %.

5.6 Prozentsatz der Übereinstimmung

Aber wie kommt das System nun zu dem Ergebnis, dass ein Eintrag gesperrt wird oder eben nicht?

Dazu müssen die Eintragungen in Sanktionsliste und Adressstammsatz anhand der beschriebenen Parameter verglichen werden. Dabei geht das System in drei Schritten vor:

1. Zunächst werden die Teile einer Adresse geprüft und verglichen, die überhaupt relevant sind.
2. Dann wird der Übereinstimmungsgrad des relevanten Suchbegriffs geprüft.
3. Schließlich erfolgt die Berechnung der Übereinstimmung für die relevanten Adressteile.

Weitere Beispiele sollen die Logik der Berechnung des Übereinstimmungsprozentsatzes erläutern.

Der Kunde *Alan McCarthy* soll der Sanktionslistenprüfung unterzogen werden. Er ist in Los Angeles (Kalifornien, USA) ansässig.

Der Suchbegriff *ALAN* geniert zwei Treffer, vergleiche dazu Abbildung 5.20.

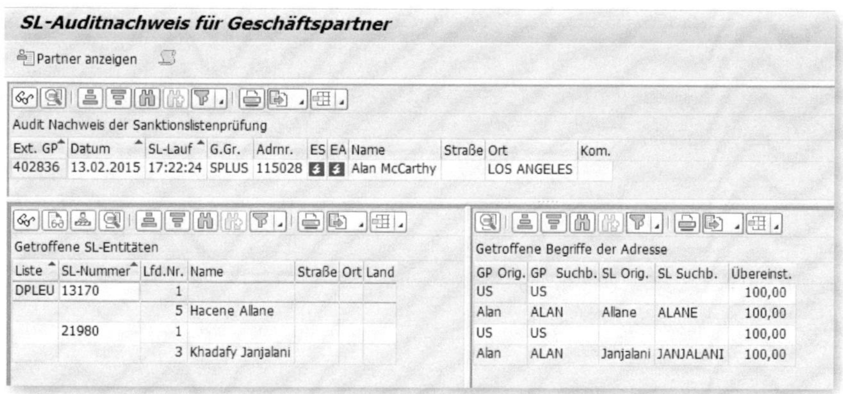

Abbildung 5.20: SL-Treffer mit 100 Prozent

Das System findet zwei mögliche Vergleichsadressen:

- den Sanktionslisteneintrag 13170 Hacene Allane sowie
- 21980 Khadafy Janjalani.

Der Vorname ALAN ist in den Suchbegriffen der Sanktionsliste DPLEU (Denied Person List der EU) zweimal gefunden worden, und zwar vollständig. Damit ergibt sich eine Übereinstimmung von 100 Prozent.

Ebenso würde das System eine »Sabine Mustermann« oder »Samantha Müller« als mögliche Treffer auswerfen. In dem Namen »Sabine« ist die Kombination BIN enthalten, im Namen »Samantha« die Kombination SAMA. Beide Kombinationen finden sich im Terrornetzwerk »Osama bin Laden« wieder.

Diese Logik der Berechnung mag erklären, warum das System so viele – für den Anwender auf den ersten Blick unrichtige – Treffer auswirft. Um diesem entgegenzuwirken, kann es sinnvoll sein, die Detailsteuerung des Vergleichsschemas auf eine parallele Überprüfung wie in Abbildung 5.21 einzustellen. Dann erfolgt der Abgleich von Geschäftspartneradresse und Sanktionslisteneintrag.

Abbildung 5.21: Paralleler Vergleich von Sanktionsliste und Adresse

5.7 Steuerung der Sanktionslistenprüfung

Nachdem nun die Adressen im System gepflegt sind und auch die Sanktionslistenprüfung definiert ist, muss noch über den Zeitpunkt der Sanktionslistenprüfung entschieden werden. Soll ein Abgleich unmittelbar nach Übermittlung des Stammsatzes oder des Verkaufsbelegs erfolgen, also synchron, oder zu einem anderen Zeitpunkt, beispielsweise im Nachgang als Hintergrundjob?

Bei der Anlage von Anfragen, Angeboten und Aufträgen ergibt eine sofortige Prüfung Sinn. So kann umgehend eine möglicherweise unerlaubte Herausgabe von Daten und Informationen vermieden werden. Das System sollte also beim Abspeichern des Verkaufsbeleges und der damit verbundenen Überleitung ans GTS eine Überprüfung des Vorgangs mit anschließender Freigabe oder Sperre vornehmen. Den Zeitpunkt der Belegprüfung stellen Sie im Customizing im GTS ein unter dem Pfad: Global Trade Services • Allgemeine Einstellungen • Belegstruktur • Positionstypen für Anwenderbereiche aktivieren, wie in Abbildung 5.22 gezeigt.

Abbildung 5.22: Prüfung der Sanktionsliste auf Belegebene

Der Zeitpunkt für die Prüfung der Adressstammdaten kann ebenfalls eingestellt werden. Auch diesen legen Sie im Customizing des GTS-Systems fest. Gehen Sie dazu in den Bereich Global Trade Services • Compliance Management • Sanktionslistenprüfung • Geschäftspartner auf Geschäftspartnerebene aktivieren. Mit der entsprechenden Auswahl *synchron* oder *asynchron* in Abbildung 5.23 wählen Sie den Zeitpunkt der Prüfung aus und bestimmen, wie eine Sperre gesetzt werden soll. Das hat für den Anwender den Vorteil, dass er direkt bei der Anlage von Vorgängen im Vorsystem (z. B. einen Terminauftrag) eine Information über die Sanktionslistenprüfung erhält.

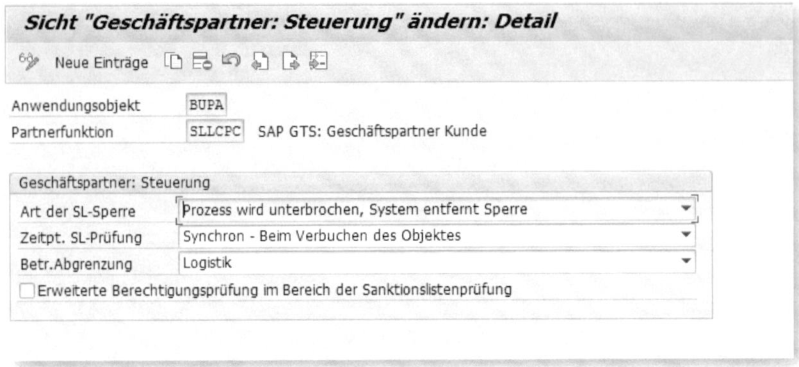

Abbildung 5.23: Steuerung Geschäftspartnersperre

Somit werden zwei Kontrollen durchgeführt: Einmal werden die Stammdaten selbst auf rechtliche Zulässigkeit und einmal beim Aufruf einer Verkaufstransaktion auf Belegebene geprüft.

5.8 Positivliste/Negativliste

Aus firmeninternen Gründen können Positiv- oder Negativlisten erstellt werden. Damit wird die Sanktionslistenprüfung letztlich ausgehebelt. Ein Datensatz, der auf der Positiv- oder Negativliste steht, wird von der Sanktionslistenprüfung ignoriert.

Einen gesperrten Stammsatz können Sie über das Bereichsmenü auf die gewünschte Liste setzen, und zwar direkt aus der Übersicht der gesperrten Geschäftspartner heraus. Die Transaktion finden Sie im COMPLIANCE MANAGEMENT • SANKTIONSLISTENPRÜFUNG • REITER LOGISTIK • BEREICH GESPERRTE GESCHÄFTSPARTNER ANZEIGEN. Geben Sie die gesetzliche Grundlage ein und wählen Sie AUSFÜHREN (Abbildung 5.24).

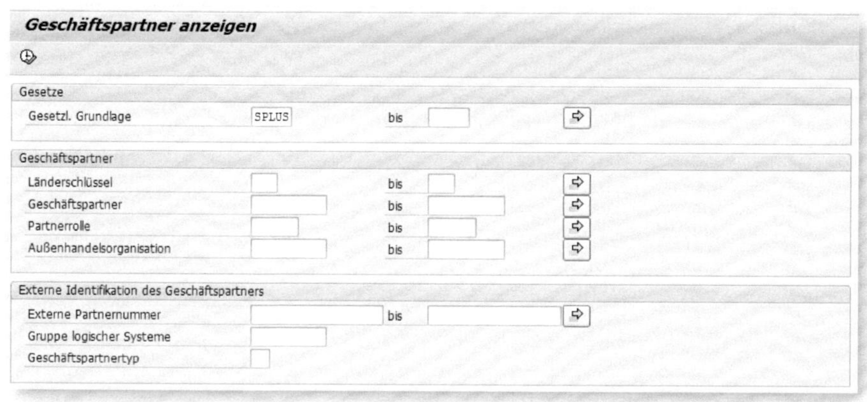

Abbildung 5.24: Einstieg »Gesperrte GP anzeigen«

In Abbildung 5.25 sehen Sie in der Anwendungsfunktionsleiste die beiden Listenvarianten.

Geschäftspartner anzeigen

Sanktionslistenprüfung | Partner freigeben | Positivliste | Negativliste | Sperre bestätigen | Zurückstellen

Gesperrte Geschäftspartner

Status	Gruppe LS	G	Externe Partnernummer	GPartner	G.Gr.	K..	B...	Adressnr.	Dat.Sanktionslistenpr.	Sankt.-sperre	Gültigkeit
	GRUPPE_I67	03	4	33	SPLUS			114796	14.02.2015 10:38:05	☑	
	GRUPPE_I67	03	4	33	SPLUS			114798	14.02.2015 10:38:05	☑	
	GRUPPE_I67	02	3000	43	SPLUS			114835	14.02.2015 10:38:05	☑	
	GRUPPE_I67	02	1003	51	SPLUS			114853	14.02.2015 10:38:05	☑	
	GRUPPE_I67	02	149	60	SPLUS			114862	14.02.2015 10:38:05	☑	
	GRUPPE_I67	02	175	62	SPLUS			114864	14.02.2015 10:38:05	☑	
	GRUPPE_I67	02	224	63	SPLUS			114865	14.02.2015 10:38:05	☑	

Abbildung 5.25: Positiv- und Negativliste

Wählen Sie einen Geschäftspartner aus und klicken Sie auf POSITIV- bzw. NEGATIVLISTE. Der Partner wird dann mit einem Hinweis (Abbildung 5.26) auf die entsprechende Liste gesetzt.

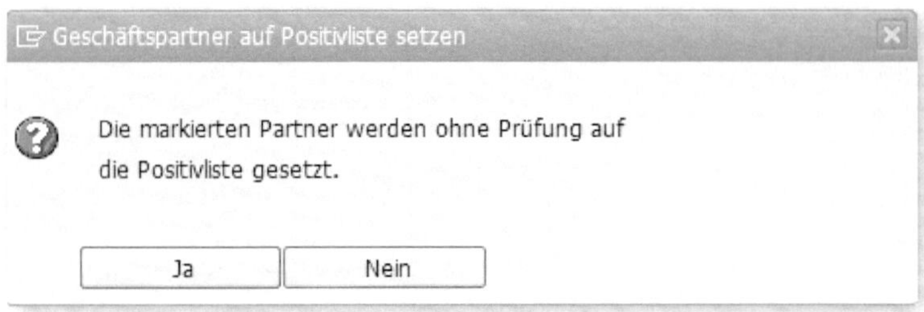

Abbildung 5.26: Dialogfenster Positivliste

5.8.1 Positivliste

Auf einer *Positivliste* werden Adressen geführt, bei denen das System irrtümlicherweise und wiederkehrend einen Treffer ausgibt und damit diesen Stammsatz sperrt. Der Grund liegt in einer großen Ähnlichkeit der Namen oder sogar Namensgleichheit. Erwiesenermaßen ist der Geschäftspartner jedoch nicht die auf der Sanktionsliste geführte Person. Diese vermeintlichen Treffer müssten regelmäßig manuell freigegeben werden. Diese stete Freigabe kostet zum einen Zeit, zum anderen belastet sie die Auswertung des Systems. Die Eingabe dieses Namens auf der Positivliste erleichtert somit die Prüfung.

Vorsicht bei der Wahl der Positivliste

Die Auswahl der Stammdaten für die Positivliste muss mit Bedacht getroffen werden. Ist ein Geschäftspartner hier geführt, ignoriert das System diesen Datensatz bei jeglichen weiteren Prüfungen!

5.8.2 Negativliste

Auf der *Negativliste* werden analog zur Positivliste die Personen geführt, die dauerhaft gesperrt werden sollen. Der Grund für eine Aufnahme mag in der wiederholten Trefferanzeige und dem damit wiederkehrenden Arbeitsaufwand liegen. Es kann aber auch andere

Gründe geben, warum ein Unternehmen entscheidet, mit einer bestimmten Person gar keine Geschäftsbeziehungen pflegen zu wollen. Dies können schwierige Situationen in der Vergangenheit sein, oder es soll vorsichtshalber kein systemseitiger Informationsaustausch mit irgendwelchen Embargoländern möglich sein. Auch die Einträge der Negativlisten werden bei weiteren Durchläufen der Sanktionslistenprüfung nicht mehr berücksichtigt.

Die Negativliste kann auch Adressstammdaten von Unternehmen beinhalten, die mit der Embargoprüfung gar nichts zu tun haben. Der Grund mag in einer schlechten Zahlungsmoral oder gerichtlichen Auseinandersetzungen liegen.

5.9 Prüfung und Freigabe von Geschäftspartnern

Ähnlich wie bei der Embargoprüfung, können Sie sich auch bei der Sanktionslistenprüfung die gesperrten Belege und deren Sperrgründe anzeigen lassen.

Gehen Sie dazu in die Sanktionslistenprüfung im Compliance Management in den Bereich MONITORING. Dort finden Sie die Transaktion *Gesperrte Geschäftspartner anzeigen*. Wählen Sie AUSFÜHREN und geben Sie eine gesetzliche Grundlage (G.GR.) ein. Nach erneutem Ausführen listet das System die gesperrten Geschäftspartner auf, vergleichen Sie dazu Abbildung 5.24.

Möchten Sie nun genau wissen, warum ein Stammsatz gesperrt ist, markieren Sie diesen und wählen SANKTIONSLISTENPRÜFUNG. Das System zeigt daraufhin den Geschäftspartner, gegen welche Sanktionsliste er geprüft wurde und den Prozentsatz der Übereinstimmung. Abbildung 5.27 zeigt die Prüfung des Partners *Ghafoor* gegen den Suchbegriff *GHAFOR* und einen Übereinstimmungsprozentsatz von 100,00 %.

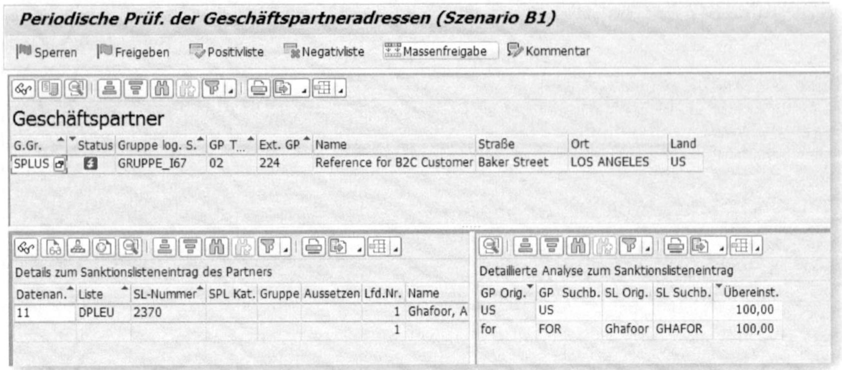

Abbildung 5.27: Prüfen von Geschäftspartner gegen SL

Aus diesem Datenbild heraus können Sie den Geschäftspartner

- sperren,
- freigeben,
- auf die Positivliste setzen,
- auf die Negativliste setzen.

5.10 Freigabe von Belegen

Erstellen Sie im Vorsystem einen Auftrag oder ein Angebot, wird dieser/s bei der synchronen Überprüfung bei bestimmten Sperrgründen nach dem Verbuchen gesperrt. Ein Dialogfenster, wie in Abbildung 5.28 beispielhaft dargestellt, informiert Sie als Anwender in der Regel darüber.

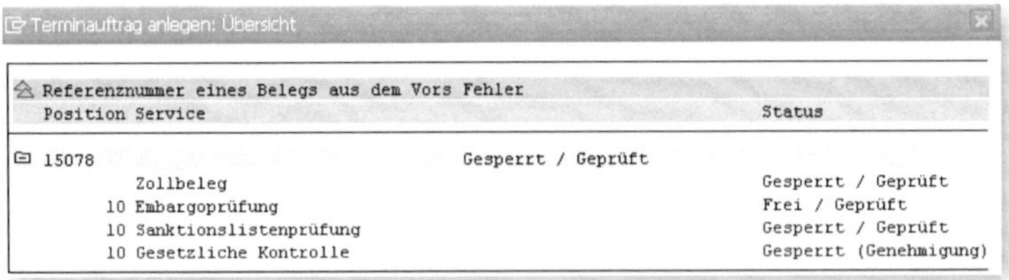

```
Terminauftrag anlegen: Übersicht

Referenznummer eines Belegs aus dem Vors Fehler
  Position Service                                        Status

15078                          Gesperrt / Geprüft
         Zollbeleg                                        Gesperrt / Geprüft
      10 Embargoprüfung                                   Frei / Geprüft
      10 Sanktionslistenprüfung                           Gesperrt / Geprüft
      10 Gesetzliche Kontrolle                            Gesperrt (Genehmigung)
```

Abbildung 5.28: Sperre durch Sanktionslistenprüfung

Auch hier haben Sie die Möglichkeit, ein Protokoll zum Vorgang aufzurufen und den Sperrgründen nachzugehen. Wählen Sie dazu den Pfad COMPLIANCE MANAGEMENT • SANKTIONSLISTENPRÜFUNG • REITER LOGISTIK, BEREICH BELEGE und aktivieren Sie den Button AUSFÜHREN bei GESPERRTE BELEGE ANZEIGEN, Abbildung 5.29.

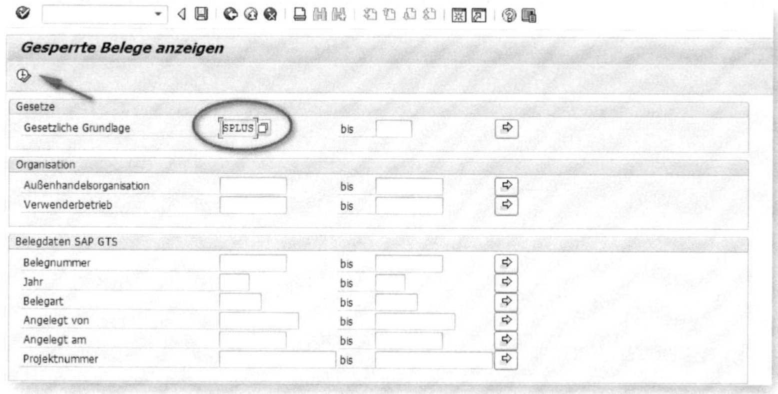

Abbildung 5.29: Gesperrte Belege anzeigen

Die Eingabe der GESETZLICHEN GRUNDLAGE hilft, die Selektion einzuschränken. Markieren Sie den gewünschten Beleg und lassen Sie sich das Protokoll anzeigen. Das System listet die gefundenen Daten wie in Abbildung 5.30 auf.

Durchführung des Service: Embargoprüfung	6
Durchführung des Service: Sanktionslistenprüfung	4
Prüfung der Gesetzlichen Grundlage SPLUS; synchrone Adressprüfung aktiv	3
Sanktionslistenprüfung für Partner 1, Partnerrolle(n) AG, RE, RG, WE	2
Partneradresse ist als Eintrag einer Boykottliste identifiziert worden	1
Durchführung des Service: Gesetzliche Kontrolle	32
Prüfung der Gesetzlichen Grundlage AWV	31
Land NO als relevantes Land ermittelt	30
Prüfobjekte für das Findungsschema CTRY1 erfolgreich ermittelt	1
Findung Ein-/Ausfuhrgenehmigungart auf Ebene Land/Kontrollklasse	2
Findung Ein-/Ausfuhrgenehmigungart auf Ebene Land/Kontrollgruppierung	2
Findung Ein-/Ausfuhrgenehmigungart auf Ebene Land	2
Findung Ein-/Ausfuhrgenehmigungart auf Ebene Gesetzliche Grundlage	22
Mögliche Ein-/Ausfuhrgenehmigungsarten erfolgreich ermittelt	21
Prüfung der Ein-/Ausfuhrgenehmigungsart AG	9
Prüfung der Ein-/Ausfuhrgenehmigungsart EAG	11
Abzuschreibender Positionswert beträgt 750,00 EUR	1
Selektionskriterien für die Ein-/Ausfuhrgenehmigung	8
Es konnten keine Ein-/Ausfuhrgenehmigungen ermittelt werden	1

Abbildung 5.30: Protokoll der Sanktionslistenprüfung

Möchten Sie den gesperrten Beleg freigeben, so können Sie wie folgt vorgehen: Wählen Sie COMPLIANCE MANAGEMENT • SANKTIONSLISTENPRÜFUNG und führen Sie im Bereich BELEGE die Transaktion GESPERRTE BELEGE MANUELL FREIGEBEN aus. Geben Sie die Belegnummer des Auftrages aus dem Vorsystem unter BELEGDATEN VORSYSTEM ein, um die Auswahl zu konkretisieren. Wählen Sie erneut AUSFÜHREN. Ihr Beleg wird angezeigt. Mit dem grünen Fähnchen geben Sie ihn nun frei. Es erscheint eine Sicherheitsabfrage (Abbildung 5.31), ob Sie den Beleg wirklich zurücknehmen möchten. Wenn Sie JA wählen, erfolgt keine weitere Sanktionslistenprüfung dazu.

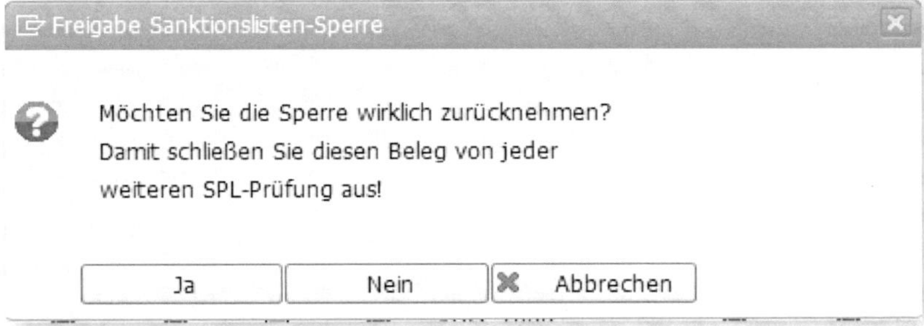

Abbildung 5.31: Dialogfenster SL-Freigabe

6 Gesetzliche Kontrolle

Die gesetzliche Kontrolle ist die dritte und umfangreichste Prüfung innerhalb von SAP GTS. Hier werden die Waren selbst auf den Prüfstand gestellt und gegen die Güterlisten geprüft. Güterlisten beziehen sich auf militärische Waren und Rüstungsgüter sowie auf Produkte, die der Dual-Use-Verordnung unterliegen, da sie sowohl militärisch als auch zivil Verwendung finden können. In diesem Kapitel geht es also um die Überprüfung der Eigenschaften der Waren und wo ihr Einsatzbereich liegen könnte. Ferner müssen wir uns ansehen, wie die notwendigen Genehmigungsarten im System abgebildet werden.

Ob eine Ware der *gesetzlichen Kontrolle* unterliegt, entscheiden allein ihre Eigenschaften. Diese dienen als Basis für die Ermittlung der Warentarifnummer, die wiederum bei der gesetzlichen Kontrolle zugrunde gelegt wird. Vergleichen Sie dazu auch Abschnitt 2.4.

Der Warentarifnummer sind die zollrechtlich relevanten Verbote und Beschränkungen zugewiesen. Beispielhaft wollen wir das Produkt »Digitalkamera« auf seine Genehmigungspflicht hin untersuchen. Dazu müssen wir zunächst die Warentarifnummer finden.

EZT und TARIC

Zur Identifizierung der Warentarifnummer stehen derzeit zwei kostenlose Auskunftssysteme zur Verfügung. Zum einen der TARIC (Integrierter Tarif der Europäischen Gemeinschaft) und zum anderen der EZT, der Elektronische Zolltarif, der deutschen Zollverwaltung.

Der *TARIC* wird von der Europäischen Kommission zur Verfügung gestellt. Er baut auf dem in Abschnitt 2.4 beschriebenen »Harmonisierten System« und der »Kombinierten Nomenklatur« auf und verschlüsselt in der neunten und zehnten Stelle der Warentarifnummer gemeinschaftliche Maßnahmen, wie etwa Antidumpingregelungen, Zollaussetzungen oder Zollkontingente.

Die deutschen Einfuhrumsatzsteuersätze, Verbrauchssteuersätze und Hinweise auf Verbote und Beschränkungen sowie auf erforderliche Ursprungszeugnisse sind im TARIC nicht enthalten.

Diese Angaben finden Sie, ebenso wie die vollständigen Warentarifnummern, im EZT-Online.

Der *Elektronische Zolltarif* ist die Datenbank der deutschen Zollverwaltung. Er ist im Internet unter dem Link *www.EZT-online.de* einsehbar. Abbildung 6.1 zeigt die Einstiegsseite zur Datenbank.

Abbildung 6.1: EZT-Online – Einstiegsansicht »Ausfuhr«

EZT

Rufen Sie den EZT über die Startseite des Zolls *www.zoll.de* auf, läuft die Anwendung stabiler. Der EZT befindet sich im Bereich »Dienste und Datenbanken« auf der linken Seite.

Der EZT wird Ihnen von der Bundesfinanzverwaltung zur Verfügung gestellt. Damit können Waren – im Bereich »Einfuhr« mit bis zu 11-stelliger Codenummer (und für Marktordnungszwecke auch darüber hinaus) bzw. im Bereich »Ausfuhr« mit bis zu 8-stelliger Warennummer – in den Zolltarif eingereiht werden. Unter *Einreihung* wird die Zuweisung der korrekten Warentarifnummer zu einem Produkt/einer Ware verstanden.

Der EZT enthält die Daten des TARIC (wir kommen in Abschnitt 6.2 noch einmal ausführlicher auf die TARIC-Fußnoten zu sprechen) sowie die Zollsätze und Handelsbeschränkungen, ergänzt durch nationale Daten (z. B. Einfuhrumsatzsteuer, Verbrauchssteuern, ggf. Hinweise auf erforderliche Ursprungszeugnisse sowie Verbote und Beschränkungen für den Warenverkehr über die Grenze).

Im Bereich »Texte« finden Sie weitere Hinweise, wie z. B. Erläuterungen zu den Tarifpositionen.

TARIC vs. Datenbank der deutschen Zollverwaltung

Der TARIC der Europäischen Kommission enthält keine nationalen Bestimmungen. Daher sind die Angaben auch für die Ausfuhrkontrolle unter Umständen nicht ausreichend. Es empfiehlt sich daher, die Datenbank der deutschen Zollverwaltung für die deutsche Ausfuhrkontrolle zu verwenden.

6.1 Einreihen von Waren

Wie ist nun beim Einreihen von Waren vorzugehen? Wie finde ich mein Produkt?

Der EZT selektiert bereits bei der Eingabe bzw. Suche nach einer Warentarifnummer nach Ein- bzw. Ausfuhr. So werden immer nur Informationen für eine Handelsrichtung angezeigt. Gerade für Neulinge im Außenhandel ist diese Aufteilung hilfreich.

Im Einstiegsbild (Abbildung 6.1) können Sie, wenn bekannt, gleich die Warentarifnummer in das Feld WARENNUMMER eingeben. Oft genug liegen Warentarifnummern im Unternehmen vor und sollen nur gelegentlich im unterjährigen Betrieb überprüft werden. Damit erübrigt sich natürlich die Suche. Im anderen Fall wird die Suche nach der richtigen Nummer nachfolgend beschrieben.

Im GEOGRAFISCHEN GEBIET können Sie Ihr Bestimmungsland auswählen. Ist es nicht bekannt oder möchten Sie generelle Informationen angezeigt bekommen, lassen Sie das Feld leer. Das Gebiet kann später auf Produktebene eingegrenzt werden.

Einige Waren haben Zusatzcodierungen. Das sind Codierungen zur Ermittlung bestimmter, warenspezifischer Einreihungen, z. B. der ZUSATZCODE 4999 bei Waren, die keine ozonschädlichen Stoffe enthalten. Diese Zusatzcodierungen sind auch auf Produktebene nachzuprüfen.

Doch wir wollen die Vorgaben für die Digitalkamera überprüfen und suchen diese im EZT. Dazu gehen Sie in die Ausfuhr und geben im Stichwortverzeichnis eine allgemeingültige Warenbezeichnung ein, z. B. *Digitalkamera* (siehe Abbildung 6.2). Nicht immer ist das gesuchte Stichwort dabei, wählen Sie dann Synonyme wie etwa »Fotoapparat«.

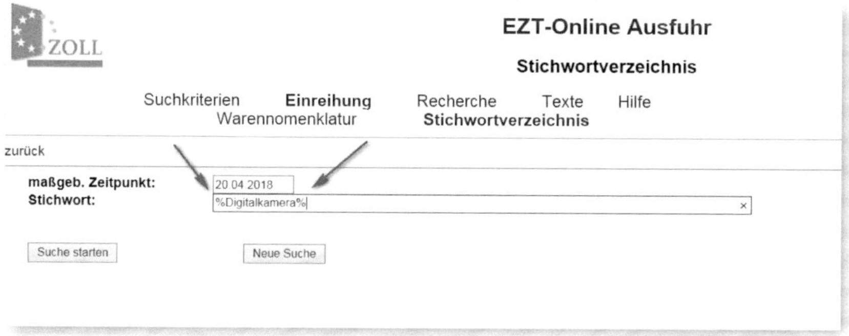

Abbildung 6.2: Elektronischer Zolltarif

Ergänzen Sie die vorhandenen Daten und klicken Sie auf SUCHE STARTEN.

EZT-Suche mit %-Zeichen

Lassen Sie bei der Suche das %-Zeichen vor und nach dem Suchbegriff stehen und wählen Sie den Singular.

Sie erhalten das in Abbildung 6.3 gezeigte Suchergebnis.

ZOLL

EZT-Online Ausfuhr

Stichwortverzeichnis

Suchkriterien **Einreihung** Recherche Texte Hilfe
Warennomenklatur **Stichwortverzeichnis**

zurück

maßgeb. Zeitpunkt: 16.05.2018
Stichwort: %Digitalkamera%

Suche starten | Neue Suche

Stichwortverzeichnis

Warenbeschreibung	Beginndatum	Endedatum	Fundstelle	Teil der Erläuterung
Digitalkamera (Einzelbild-Videokamera)	01.01.2007	01.01.4000	8525 8030	-
Dreibeinstativ (für z.B. Digitalkameras, Fotoapparate, Videokameras, Filmkameras etc.)	01.01.2017	01.01.4000	9620	HS
Drohne mit integrierter Digitalkamera	05.04.2016	01.01.4000	8525	AV
Einbeinstativ (für z.B. Digitalkameras, Fotoapparate, Videokameras, Filmkameras etc.)	01.01.2017	01.01.4000	9620	HS
Hubschrauber (ferngesteuert, vierrotorig) mit integrierter Digitalkamera	05.04.2016	01.01.4000	8525	AV
Quadrocopter mit integrierter Digitalkamera	05.04.2016	01.01.4000	8525	AV
Zweibeinstativ (für z.B. Digitalkameras, Fotoapparate, Videokameras, Filmkameras etc.)	01.01.2017	01.01.4000	9620	HS

Abbildung 6.3: EZT – Digitalkamera

Wählen Sie aus den Einträgen die gewünschte Nummer (hier **8525 8030**) mit einem Doppelklick aus. Die Datenbank verzweigt in die Nomenklatur (Abbildung 6.4).

Abbildung 6.4: Ausschnitt Nomenklatur

Das Produkt zur gewählten Warentarifnummer wird fett hervorgehoben. Mit einem Klick auf die zugehörigen MAßNAHMEN werden die ausfuhrrelevanten Details angezeigt. In Abbildung 6.5 soll das noch einmal vergrößert gezeigt werden.

ZOLL

EZT-Online Ausfuhr

Maßnahmen und Hinweise

Suchkriterien Einreihung Recherche Texte Hilfe

zurück

eingegebene Suchkriterien:

maßgeb. Zeitpunkt: 25.04.2018
Warennummer: 85258030 (Endlinie)
Geografisches Gebiet: -
Suche starten

Warenbeschreibung: digitale Fotoapparate

Pfad einblenden Warennomenklatur-Fußnoten Übersicht (Maßnahmen) Übersicht (Hinweise)

Ausfuhrmaßnahmen

Historie	ZC/AE	Gebiets-code	MN-Schl.	Maßnahmeart	Maßnahmen	Beginn	Ende	Weitere Informationen
Historie	-	KP	278	Ausfuhrverbot	-	28.02.2018	-	Rechtsvorschrift Fußnoten
Historie	-	1008	478	Ausfuhrgenehmigung (DUAL USE)	Weitere Informationen siehe Bedingungen	31.12.2014	-	Bedingungen Rechtsvorschrift Fußnoten
Historie	-	KP	709	Ausfuhrkontrolle	Weitere Informationen siehe Bedingungen	01.09.2017	-	Bedingungen Rechtsvorschrift Fußnoten
Historie	-	KP	717	Ausfuhrkontrolle für Waren und Technologien, die Einschränkungen unterliegen	Weitere Informationen siehe Bedingungen	01.09.2017	-	Bedingungen Rechtsvorschrift Fußnoten
Historie	-	KP	718	Ausfuhrkontrolle von Luxusgütern	Weitere Informationen siehe Bedingungen	15.11.2017	-	Bedingungen Rechtsvorschrift Fußnoten
Historie	-	1011	109	Besondere Maßeinheit	NAR = Anzahl Stuck	01.01.2008	-	Rechtsvorschrift

Abbildung 6.5: Ausfuhrmaßnahmen Digitalkamera

Schon dieser kleine Ausschnitt zeigt, dass es für das Produkt »Digitalkamera« unterschiedliche Ausfuhrbeschränkungen gibt, die sich in GTS wiederfinden müssen, soll das System korrekt arbeiten.

Zum einen zeigt der Bildausschnitt die Maßnahmenart *Ausfuhrkontrolle* (DUAL USE), zum anderen gibt er verschiedene Vorgaben zur *Ausfuhrkontrolle für Waren und Technologien* sowie *von Luxusgütern*.

Unglücklich ist, dass der Bildausschnitt die nationalen Beschränkungen erst im unteren Teil anzeigt. Daher müssen Sie stets ein bisschen nach unten scrollen, um die Hinweise für die nationalen Beschränkungen beim Export von digitalen Fotoapparaten zu finden (siehe Abbildung 6.6).

Ausfuhrhinweise

Kurzbez.	Schl.	Gebietscode	Langbezeichnung	Fußnoten
KAT	001	-	Ausfuhrbeschränkung/ -verbot	-
ZUB	BAFA	-	Bundesamt für Wirtschaft und Ausfuhrkontrolle (BAFA); Frankfurter Str. 29-35, 65760 Eschborn; Postfach 5160, 65726 Eschborn; Telefon: 06196/908-0; Telefax: 06196/908-800; E-Mail: poststelle@bafa.bund.de	-
GPF	_	-	Genehmigungspflicht siehe Fußnoten bei der Ausfuhr	Fußnoten

Abbildung 6.6: Nationale Beschränkungen

Die Informationen aus der Datenbank des EZT sind für das Einstellen der Ausfuhrkontrolle in GTS von großer Bedeutung. Möchten Sie die gesetzliche Kontrolle in GTS nutzen, müssen Sie das zu liefernde Produkt entsprechend klassifizieren. Nachfolgend möchte ich Ihnen die Vorgehensweise verdeutlichen.

Achten Sie beim Einreihen auf die Endlinie. Nur wenn der Vermerk »Endlinie« hinter der Warentarifnummer angezeigt wird, ist ein Produkt vollständig eingereiht. Andernfalls könnten die Angaben unter Umständen nicht komplett sein.

Abbildung 6.7: EZT-Endlinie bei der Einreihung

Das Suchergebnis gibt Auskunft über die Ausfuhrverbote und Beschränkungen für bestimmte Länder. Die Reihenfolge der Auskünfte wird von deren Dringlichkeit bestimmt. Der GEBIETSCODE, hier *KP* (ISO-Alpha-Code für Nordkorea), wird an erster Stelle erwähnt. Hierbei handelt es sich um ein Ausfuhrverbot, welches in der zugehörigen Rechtsvorschrift sowie den Fußnoten konkretisiert wird.

An zweiter Stelle kommt der Hinweis auf die *DUAL-USE*-Verordnung. Aus Sicht der EU-Kontrollbehörden könnte diese Warennummer auf Basis der EG-Dual-Use-Verordnung genannt sein. Ob dies tatsächlich der Fall ist, muss geprüft werden. Es gibt viele Arten von Digitalkameras auf dem Markt. Eine Kamera, die einem Grundschulkind mit auf den Ausflug gegeben wird, ist genauso gemeint wie eine Kamera, die dem Unterwassereinsatz in 100 Meter Wassertiefe standhält. Welche Eigenschaften eine Ware nun zur Dual-Use-Ware machen, wird in den Anhängen zur Dual-Use-Verordnung beschrieben. Der Weg zu diesen technischen Beschreibungen führt über die FUßNOTEN rechts neben dem Hinweis »Ausfuhrgenehmigung (DUAL USE)«. Dazu später mehr in Abbildung 6.9.

Im weiteren Verlauf des Suchergebnisses werden erneut Ausfuhrmaßnahmen gegenüber Nordkorea bekannt gegeben. Allen ist ein Beginndatum, aber noch kein Enddatum gegeben. Damit sind alle Maßnahmenarten noch aktuell.

Am Schluss wird auf die BESONDERE MAßEINHEIT hingewiesen. Dieser Hinweis ist für die Ausfuhrkontrolle nicht relevant, sondern dient als Information für die Ausfuhranmeldung und fordert den Anwender auf, eine STATISTISCHE MENGE in dem Antrag einzugeben.

Wenn Sie mit dem Produkt vertraut sind, können Sie bereits an dieser Stelle mit den dargestellten Informationen aus der Datenbank, wie z. B. den Hinweisen auf Dual-Use, Länderembargos und besondere Maßeinheiten, arbeiten.

6.2 Klassifizieren einer Ware

In Abbildung 6.8 sehen Sie neben der Maßnahmenart *Ausfuhrgenehmigung (DUAL-USE)* unter WEITERE INFORMATIONEN die Auswahlmöglichkeiten

- Bedingungen,
- Rechtsvorschrift und
- Fußnoten.

Unter der Auswahl *»Bedingungen«* finden Sie die Dokumentenvorlage (siehe Abbildung 6.8) und damit die Codierung für die Ausfuhrkontrolle. Mittels des Codeschlüssels geben Sie der Zollverwaltung rechtsverbindlich bekannt, ob Ihr Produkt nach der Dual-Use-Verordnung genehmigungspflichtig ist oder nicht. Entscheiden Sie sich für X002, bestätigen Sie eine Genehmigungspflicht, entscheiden Sie sich für Y901, erklären Sie, dass Ihre Ware nicht in der Dual-Use-Verordnung aufgeführt ist.

Dokumentenvorlage

Bedingung: Andere Bedingungen				
lfd. Nr.	**Bedingungsbetrag**	**Aktion**	**Aktionsbetrag**	**Dokument**
1	0,0	Einfuhr/Ausfuhr nach Kontrolle erlaubt	-	Ausfuhrlizenz; Ausfuhrgenehmigung für Güter mit doppeltem Verwendungszweck (Verordnung (EG) Nr. 428/2009 in geänderter Fassung) (Codierung/Schlüssel: X002)
2	0,0	Einfuhr/Ausfuhr nach Kontrolle erlaubt	-	Besondere Bestimmungen; Nicht in der Liste der Güter mit doppeltem Verwendungszweck aufgeführtes Erzeugnis (Codierung/Schlüssel: Y901)
3	0,0	Einfuhr/Ausfuhr nach Kontrolle nicht erlaubt	-	-

Abbildung 6.8: Dokumentenvorlage Dual-Use

Unter der *Rechtsvorschrift* bekommen Sie die Möglichkeit, die hier zutreffende Verordnung, nämlich die Dual-Use-Verordnung, einzusehen.

Von besonderem Interesse sind jedoch die TARIC-*Fußnoten*. Öffnen Sie diesen Punkt, so zeigt Ihnen eine Übersicht (siehe Abbildung 6.9), an welcher Stelle der Dual-Use-Verordnung die Ware, hier die Digitalkamera, platziert sein könnte.

TARIC-Fußnoten

Fußnotenart/-Nr.	**Text der Fußnote**
CD 464	Gemäß Verordnung (EG) Nr. 428/2009 in der geltenden Fassung ist die Ausfuhr genehmigungspflichtig, wenn die angemeldeten Waren in "DU"-Fußnoten, die mit der Maßnahme verbunden sind, beschrieben sind.
DU 244	Waren der Nummer 6A003 der Liste der Güter mit doppeltem Verwendungszweck.
DU 256	Waren der Nummer 6A203 der Liste der Güter mit doppeltem Verwendungszweck.
DU 597	Waren der Nummer 8A002d der Liste der Güter mit doppeltem Verwendungszweck.

Abbildung 6.9: TARIC-Fußnoten

TARIC

TARIC steht für Tarif intégré des Communautés européennes (Integrierter Tarif der Europäischen Gemeinschaft).

Die TARIC-Auskunftsanwendung wird Ihnen kostenfrei über das Internet der Europäischen Kommission angeboten. Hier erhalten Sie alle relevanten Auskünfte zu jedem TARIC-Code oder der Warenbeschreibung in sämtlichen Sprachen der Mitgliedstaaten der EU.

Die TARIC-Fußnoten beschreiben nun die möglichen Stellen in der Dual-Use-Verordnung, an denen die Waren beschrieben sein könnten. Am übersichtlichsten und einfachsten ist der Weg über den Onlineauftritt die Internetseite des Bundesamtes für Wirtschaft und Ausfuhrkontrolle, dem BAFA.

Gehen Sie dazu auf die Internetseite des BAFA, *www.bafa.de*. Im Unternehmensbereich finden Sie die Ausfuhrkontrolle. Nach einem Doppelklick auf diese Auswahl finden Sie am rechten Rand die Güterlisten, die Sie erneut auswählen und mittels Anklicken aktivieren.

Die Güterlisten im Detail

> Anhänge EG-Dual-use-Verordnung

> Ausfuhrliste

> Umschlüsselungsverzeichnis

Abbildung 6.10: Güterlisten in TARIC

Öffnen Sie die »EG-Dual-Use-Verordnung« und scrollen Sie ein wenig nach unten. Dort finden Sie die Kategorien 0 bis 9. Diese bezeichnen Waren aus unterschiedlichen Bereichen:

0 – Kerntechnische Materialien, Anlagen und Ausrüstung,

1 – Werkstoffe, Chemikalien, Mikroorganismen und Toxine,

2 – Werkstoffbearbeitung,

3 – Allgemeine Elektronik,

4 – Rechner,

5 – Telekommunikation und Informationssicherheit,

6 – Sensoren und Laser,

7 – Luftfahrtelektronik und Navigation,

8 – Meeres- und Schiffstechnik,

9 – Antriebssysteme, Raumfahrzeuge und zugehörige Ausrüstung.

Die in Abbildung 6.9 gezeigten TARIC-Fußnoten lauten:

- 6A003,
- 6A203,
- 8A002d.

Die Fußnoten beginnen zweimal mit einer 6 und einmal mit einer 8. Das bedeutet, dass die »Digitale Kamera« unter Umständen in den Kategorien 6 – Sensoren und Laser oder 8 – Meeres- und Schiffstechnik zu finden ist.

Jede Kategorie wird noch einmal in Produktgruppen gegliedert. Die nachfolgenden Buchstaben stehen für unterschiedliche Gattungen innerhalb dieser Klassifizierung:

A – Systeme, Ausrüstung, Bestandteile,

B – Prüf-, Test- und Herstellungsausrüstung,

C – Werkstoffe und Materialien,

D – Datenverarbeitungsprogramme (Software),

E – Technologie.

Der Kamera wurde in den TARIC-Fußnoten jeweils das A zugeordnet.

Jetzt soll geprüft werden, was genau sich hinter den Fußnoten verbirgt. Öffnen Sie zunächst die Kategorie 6 – Sensoren und Laser; scrollen Sie im Dokument zum Eintrag 6A203. Abbildung 6.11 zeigt einen Bildausschnitt des Güterlisteneintrages.

6A203 Kameras und Bestandteile, die nicht von Nummer 6A003 erfasst werden, wie folgt:

Anmerkung 1: *"Software", die besonders zur Leistungssteigerung oder Aufhebung der Beschränkungen von Kameras oder Bildsensoren entwickelt wurde, um den Eigenschaften der Unternummern 6A203a, 6A203b oder 6A203c zu entsprechen, wird in Nummer 6D203 erfasst.*

Anmerkung 2: *"Technologie" in Form von Lizenzschlüsseln oder Produkt-Keys zur Leistungssteigerung oder Aufhebung der Beschränkungen von Kameras oder Bildsensoren, um den Eigenschaften der Unternummern 6A203a, 6A203b oder 6A203c zu entsprechen, wird in Nummer 6E203 erfasst.*

Anmerkung: *Die Unternummern 6A203a bis 6A203c erfassen nicht Kameras oder Bildsensoren mit Beschränkungen in Bezug auf Hardware, "Software" oder "Technologie", die die Leistung unter das spezifizierte Niveau senken, soweit sie eine der folgenden Voraussetzungen erfüllen:*

1. *sie müssen zum Originalhersteller zurückgeschickt werden, um die Leistungssteigerung vorzunehmen oder die Beschränkung aufzuheben,*
2. *sie benötigen "Software" gemäß Nummer 6D203 zur Leistungssteigerung oder Aufhebung der Beschränkungen, um den Eigenschaften der Nummer 6A203 zu entsprechen, oder*
3. *sie benötigen "Technologie" in Form von Lizenzschlüsseln oder Produkt-Keys gemäß Nummer 6E203 zur Leistungssteigerung oder Aufhebung der Beschränkungen, um den Eigenschaften der Nummer 6A203 zu entsprechen.*

Abbildung 6.11: Güterlisteneintrag 6A203

Jetzt ist es an Ihnen zu entscheiden, ob Ihre Ware diesen technischen Beschreibungen entspricht oder nicht.

Prüfungspflicht

Die Warentarifnummer hatte drei Fußnoten angezeigt. Prüfen Sie stets alle Fußnoten!

Können Sie die Entscheidung aufgrund fehlender technischer Kenntnisse nicht treffen, überlassen Sie diese Aufgabe der entsprechenden Abteilung im Unternehmen.

Wird nun festgestellt, dass die technische Beschreibung einer der genannten Fußnoten auf das Produkt zutrifft, so muss im Produktstamm in GTS die Information festgehalten werden. Sie müssen den Produktstamm entsprechend klassifizieren. Wählen Sie dazu den Pfad COMPLIANCE MANAGEMENT: KLASSIFIZIERUNG/STAMMDATEN • PRODUKTE PFLEGEN/ÄNDERN. Es öffnet sich das in Abbildung 6.12 gezeigte Fenster.

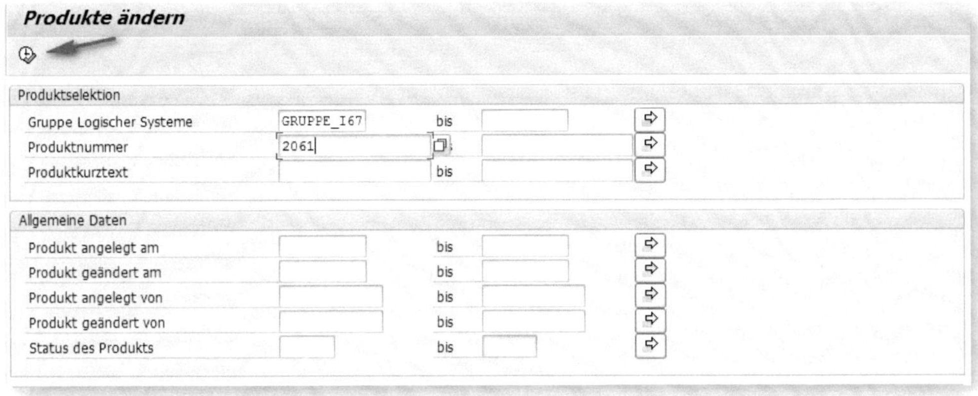

Abbildung 6.12: Klassifizieren eines Produktes

Geben Sie die Produktnummer in das gleichnamige Datenfeld ein und rufen Sie mit den Produktstamm auf. Geben Sie nun auf dem Reiter GESETZLICHE KONTROLLE die zutreffende Klassifizierung ein, hier beispielhaft *6A203*.

Die genaue Vorgehensweise des Klassifizierens wird in Abschnitt 6.4 beschrieben.

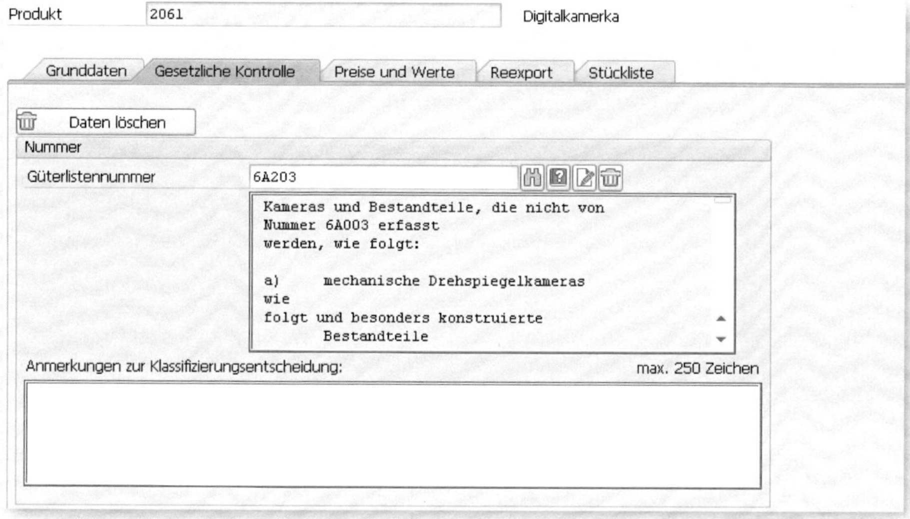

Abbildung 6.13: Klassifizierung Digitalkamera

Klassifizieren im Produktstamm

Soll GTS eine produktbezogene Überprüfung durchführen, müssen die betroffenen Waren entsprechend klassifiziert werden. Die Zuordnung der Fußnote ist ebenfalls erforderlich, um eine Ausfuhrgenehmigung einem Produkt zuweisen zu können.

6.3 Nummernschemata für Güterlisten

Soll die gesetzliche Kontrolle nun durchgeführt werden, muss im Customizing des GTS-Mandanten zunächst ein für die Güterliste entsprechendes Nummernschema angelegt werden. Ein solches

Nummernschema bildet den Aufbau der Nomenklatur ab. So war beispielsweise bei der *Güterliste mit doppeltem Verwendungszweck* der Aufbau wie folgt:

Ziffer – Buchstabe – Ziffer – Ziffer – Ziffer

Zur Definition des Schemas wählen Sie den Pfad GLOBAL TRADE SERVICES • ALLGEMEINE EINSTELLUNGEN • NUMMERNSCHEMATA • NUMMERNSCHEMA DER AUSFUHRLISTE DEFINIEREN.

Im Auslieferungs-Customizing von GTS ist bereits ein Nummernschema für die Ausfuhrliste (*DEALN*) vorgegeben. Dieses kann als Vorlage für weitere Nummernschemata dienen, siehe Abbildung 6.14.

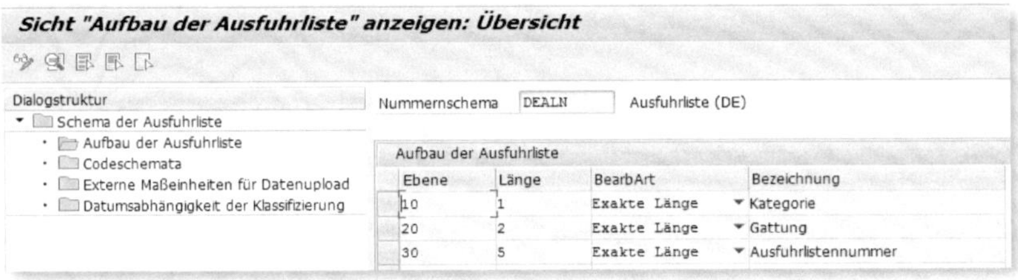

Sicht "Aufbau der Ausfuhrliste" anzeigen: Übersicht

Dialogstruktur
- Schema der Ausfuhrliste
  - Aufbau der Ausfuhrliste
  - Codeschemata
  - Externe Maßeinheiten für Datenupload
  - Datumsabhängigkeit der Klassifizierung

Nummernschema DEALN Ausfuhrliste (DE)

Aufbau der Ausfuhrliste

Ebene	Länge	BearbArt	Bezeichnung
10	1	Exakte Länge	Kategorie
20	2	Exakte Länge	Gattung
30	5	Exakte Länge	Ausfuhrlistennummer

Abbildung 6.14: Aufbau Nummernschema

Der Aufbau setzt sich aus den Teilen der Güterklassifizierung zusammen.

- Ebene *10* beschreibt die *Kategorie*, z. B. 6 – Sensoren und Laser oder 8 – Meeres- und Schiffstechnik.
- Ebene *20* definiert die *Gattung* bzw. Produktgruppe. Bei der Digitalkamera war es A – Systeme, Ausrüstung, Bestandteile.
- Ebene *30* bestimmt nun die *Ausfuhrlistennummer* bzw. die Nummer der Güterliste 203.

Mit der Auswahl *Exakte Länge* bei BEARBART wird im System die genaue Länge des betreffenden Schemateils bestimmt. Die Kategorie hat immer die Länge *1*, die Kategorie zusammen mit der Gattung hat immer die Länge *2*, und die komplette Fußnote hat immer die exakte Länge von *5* Zeichen.

Kategorie	1 Zeichen
Kategorie plus Gattung A	2 Zeichen
Kategorie Plus Gattung plus AL-Nr.	5 Zeichen

Das Nummernschema für unser Beispiel wäre also 6 A 203.

Sollten allerdings mehrere Fußnoten von unterschiedlicher Länge vorliegen, wie z. B. bei unserer Kamera, deren dritter Fußnote zusätzlich ein Buchstabe zugewiesen wurde, besteht die Möglichkeit, von der exakten Länge abzuweichen. Die Digitalkamera hatte zwei Fußnoten mit insgesamt fünf und eine Fußnote mit sechs Zeichen. Hier würde es sich daher für Ebene 30 anbieten, die BEARBART auf *Bereich von bis* zu setzen.

6.3.1 Zuordnen von Nummernschemata

Die Güterlisten sind stets einem Nummernschema zugeordnet, damit ein Abgleich des Aufbaus mit der eingegebenen Klassifizierung erfolgen kann. Die Zuordnung erfolgt über das Customizing im GTS unter GLOBAL TRADE SERVICES • ALLGEMEINE EINSTELLUNGEN • NUMMERNSCHEMATA • NUMMERNSCHEMATA ZU GESETZLICHER GRUNDLAGE DER ANWENDUNGSBEREICHE ZUORDNEN, Abbildung 6.15.

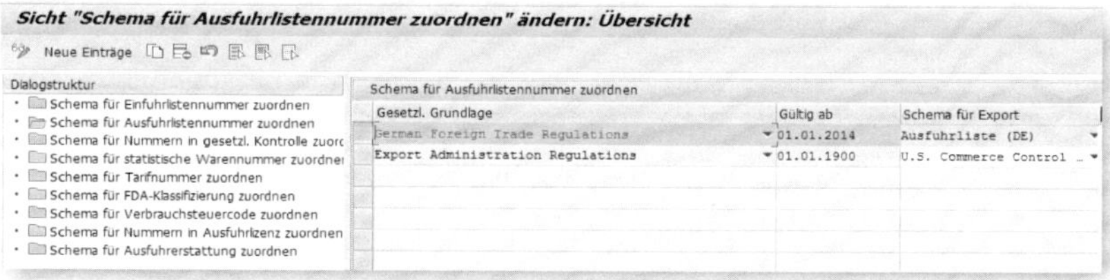

Abbildung 6.15: Nummernschema zuordnen

Es besteht die Option, die Güterlisten- bzw. Ausfuhrlistennummern als Stammdaten zu erwerben und im XML-Dateiformat mit der entsprechenden Beschreibung hochzuladen. Verzweigen Sie dazu im Plug-in *Compliance Management* des GTS-Mandanten in die Auswahl KLASSIFIZIERUNG/STAMMDATEN. Rufen Sie hier im Bereich DEFI-

NITION EXPORTKONTROLLE die Funktion AUSFUHRLISTENNUMMERN AUS XML-DATEI LADEN auf, Abbildung 6.16.

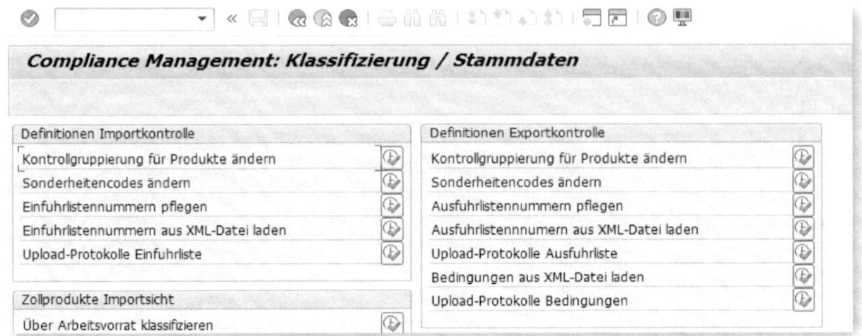

Abbildung 6.16: Ausfuhrlistennummer aus XML-Datei laden

Bei nur wenigen ausfuhrgenehmigungspflichtigen Waren können diese auch einzeln gepflegt werden. Abbildung 6.17 zeigt die im System vorhandenen Nummernschemata. Zu diesem Bild kommen Sie über die Funktion AUSFUHRLISTENNUMMERN PFLEGEN.

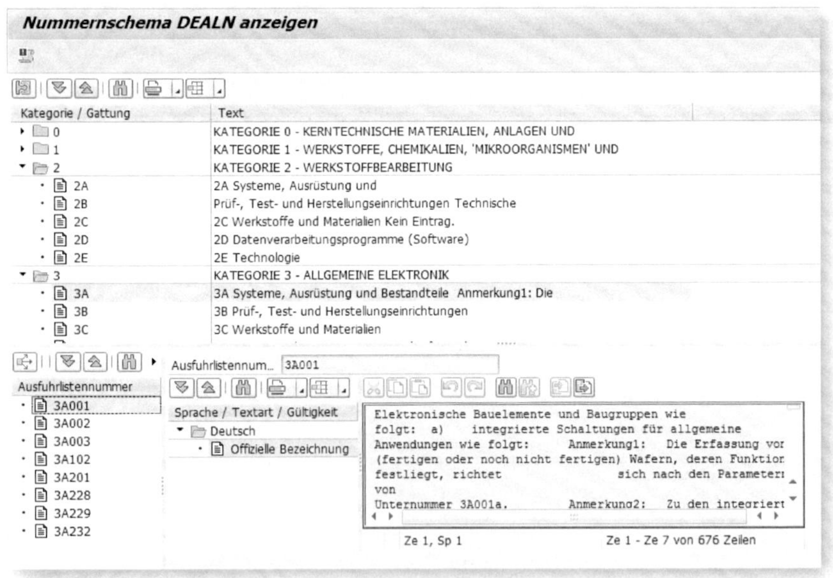

Abbildung 6.17: Nummernschema anzeigen

Nummernschemata

Es ist nicht ratsam, immer alle Nummernschemata hochzuladen. Nicht benötigte Schemata belasten das System unnötig.

6.4 Klassifizieren von Produktstämmen

Nachdem das Nummernschema angelegt und zugeordnet wurde, kann der Produktstamm klassifiziert werden. Wählen Sie dazu im Bereichsmenü des Compliance Managements wieder KLASSIFIZIERUNG/STAMMDATEN und gehen Sie auf PRODUKTE PFLEGEN. Geben Sie die Produktnummer in das entsprechende Datenfeld ein und wählen Sie . Aktivieren Sie den Reiter GESETZLICHE KONTROLLE und ordnen Sie dem Produkt die AUSFUHRLISTENNUMMER zu, z. B. *3A001* in Abbildung 6.18.

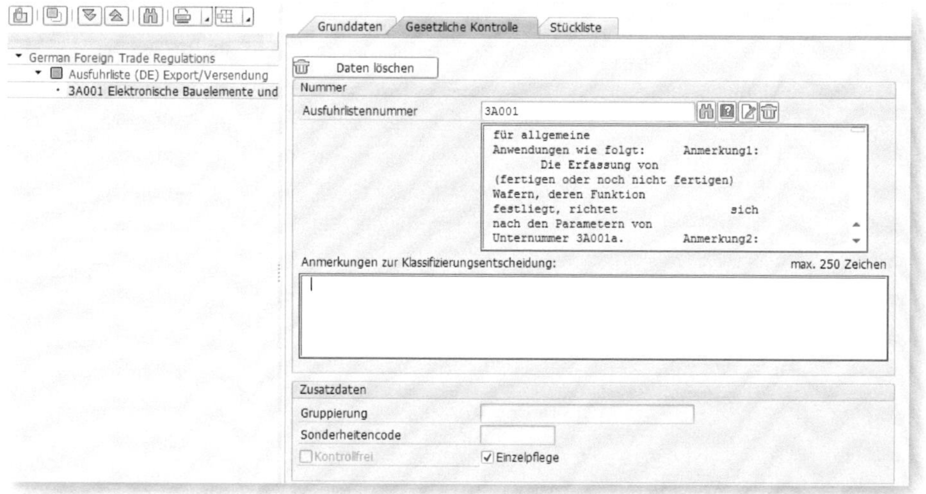

Abbildung 6.18: Klassifizierung Produktstamm

Mit Auswahl dieser Klassifizierung wird der entsprechende Text eingefügt. Dieser enthält die vom Gesetzgeber vorgegebene Warenbeschreibung zu dieser Klassifizierung.

6.5 Steuerung der Klassifizierung

Sie haben die Möglichkeit, die Klassifizierung dahingehend zu steuern, ob dabei jedes Produkt oder nur speziell ausgewählte geprüft werden sollen. Welche Variante gewählt wird, hängt mit dem Warensortiment zusammen. Liegen Ihre Waren in der Regel fernab der Ausfuhrkontrolle, so ist eine stete Überprüfung aller Produkte nicht sinnvoll. Es würde das System belasten und eventuell zu unerwünschten Belegsperren führen.

Die Entscheidung über den Umfang der Steuerung treffen Sie im Customizing des GTS unter GLOBAL TRADE SERVICES • COMPLIANCE MANAGEMENT • GESETZLICHE KONTROLLE • GESETZLICHE KONTROLLE STEUERN, Abbildung 6.19.

Sie haben zwei Möglichkeiten:

- *Jedes Produkt ist prüfungsrelevant* oder
- *Nur explizit markiertes Produkt ist prüfungsrelevant.*

Abbildung 6.19: Steuerung der Klassifizierung

Wählen Sie *Jedes Produkt ist prüfungsrelevant*, muss jeder Produktstamm bearbeitet werden. Auf Ebene der Produktstämme geben Sie entweder die Ausfuhrlistennummer ein, oder Sie wählen den Button KONTROLLFREI. Wird eine Bearbeitung unterlassen, reagiert das System nach dem Worst-Case-Prinzip und sperrt alle Belege, die diese Produkte enthalten.

Wählen Sie *Nur explizit markiertes Produkt ist prüfungsrelevant,* so muss im Produktstamm der Button EINZELPFLEGE angeklickt sein, wie in Abbildung 6.17 zu sehen.

6.6 Antragsverfahren beim BAFA

Das BAFA bietet für unterschiedliche Verbringungs-/Ausfuhrvorhaben verschiedene Antragsverfahren an:

- *Einzel(EAG)- bzw. Höchstbetragsausfuhrgenehmigungen* beziehen sich in der Regel auf ein konkretes Ausfuhrvorhaben. Entweder steht die Lieferung eines genau definierten Auftrages im Raum oder, wie bei der Höchstbetragsausfuhrgenehmigung, ein Rahmenvertrag, der bedient werden soll.
- *Allgemeine Genehmigungen (AGG)* stellen eine Besonderheit dar, weshalb auf diese Form der Ausfuhrgenehmigung noch konkret in Abschnitt 6.6.2 eingegangen wird.
- *Sammelgenehmigungen (SAG)* gewähren besonders zuverlässigen Unternehmen in einem definierten Zeitfenster genehmigungspflichtige Exporte von unterschiedlichen Produkten in diverse Länder.

Diese drei Verfahrenserleichterungen ermöglichen in der Regel mehr als nur einen Export und sind zeitlich flexibel anwendbar.

Ergibt sich bei der Überprüfung des Antrages, dass für das Vorhaben tatsächlich keine Genehmigungspflicht besteht, erteilt das BAFA einen sogenannten »Nullbescheid«. Der Nullbescheid trifft nur eine Aussage über das konkret beantragte Geschäft und ist nicht übertragbar.

Darüber hinaus gibt es die Möglichkeit, im Rahmen einer Voranfrage rechtsverbindlich zu klären, ob für ein in Aussicht stehendes, aber derzeit noch nicht konkretisiertes Ausfuhrvorhaben eine Genehmigung erteilt werden könnte.

Ergänzend zu diesen Genehmigungen im engeren Sinne stellt die *Auskunft zur Güterliste (AzG)* ein güterbezogenes technisches Gutachten dar, das Auskunft darüber gibt, ob die in der jeweiligen AzG bezeichneten Güter nicht von Anhang I der EG-Dual-Use-Verordnung und/oder Teil I der Ausfuhrliste (in der zum Zeitpunkt der Ausstellung gültigen Fassung) erfasst werden.

Grundsätzlich ist im Einzelfall zu entscheiden, welche Antrags-/Genehmigungsart bzw. Verfahrenserleichterung zu verwenden ist.

6.6.1 Antragstellung via ELAN-K2

Mit dem Ausfuhrsystem *ELAN-K2* bietet das BAFA einen kostenlosen Zugang zu fast allen im Ausfuhrbereich benötigten Anträgen.

Die Antragstellung erfolgt papierlos. Einzureichende Unterlagen können in PDF-Form hochgeladen werden. Auch erfolgen z. B. Rückfragen des BAFA schnell und medienbruchfrei über das System.

Folgende Unterlagen/Vorgänge können Sie mit dem ELAN-K2-System beim BAFA einreichen/abwickeln:

- Antrag auf Ausfuhr- bzw. Verbringungsgenehmigung,
- Nullbescheid,
- Voranfrage,
- Sonstige Anfrage,
- Auskunft zur Güterliste,
- Handels- und Vermittlungsgeschäft,
- Sammelgenehmigung,
- Internationale Einfuhrbescheinigung,

- Wareneingangsbescheinigung und
- Formular im Zusammenhang mit der Anmeldung bzw. Meldung (Meldeformular M1) von Allgemeinen Genehmigungen.

Um Zugang zum System zu erhalten, muss eine einmalige Registrierung erfolgen. Nach der Freischaltung des ersten Nutzers hat dieser das Recht, eigenständig weitere Nutzer freizuschalten und zu administrieren. Den Zugang zum Log-in und zur Registrierung finden Sie unter folgendem Link:

https://elan1.bafa.bund.de/bafa-portal/content/registrierung.xhtml

Nach dem Einloggen in das System erwartet Sie die Einstiegsmaske, Abbildung 6.20. Wählen Sie das gewünschte Verfahren aus.

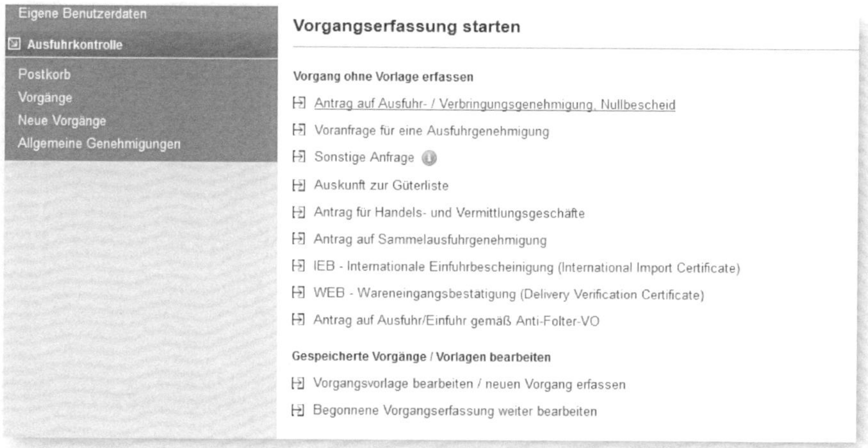

Abbildung 6.20: Einstiegsmaske ELAN-K2

Am linken Rand befindet sich die Option, verwendete Allgemeine Genehmigungen dem BAFA zu melden. Im mittleren Feld werden die weiteren Antragsverfahren angeboten. Über das Formular »Sonstige Anfrage« können Anliegen eingereicht werden, die nicht bereits durch die bestehenden Formulare abgedeckt werden.

Die Antragstellung erfolgt durch die beim BAFA gemeldeten Mitarbeitern eines Unternehmens. Während des Antrages wird nach dieser

Person noch einmal explizit gefragt. Antragsteller sollten für die Sensibilität ihres Tuns besonders geschult werden.

Wie in Abbildung 6.21 zu sehen, wird die Antragstellung am rechten Bildschirmrand von einer Übersicht der einzelnen Arbeitsschritte begleitet. Fehlt eine Eingabe, wird der Reiter, z. B. Empfänger oder Grunddaten, in roter Farbe hervorgehoben. Kleine Informationsfelder neben den Datenfeldern erklären die gewünschten Eingaben.

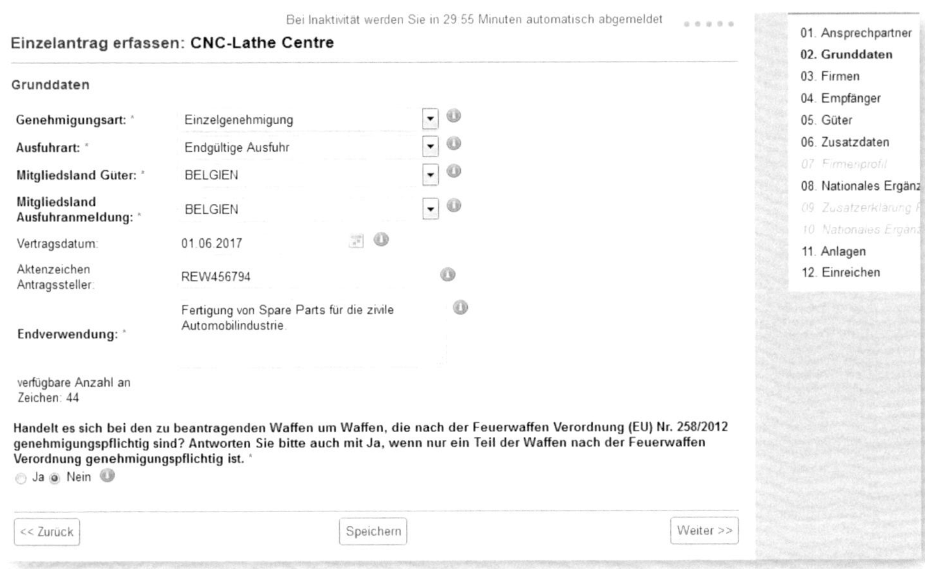

Abbildung 6.21: Antrag auf Einzelgenehmigung im ELAN-K2

Die Informationen zum gehandelten Gut (siehe Abbildung 6.22) enthalten neben den üblichen Waren- und Typenbeschreibungen auch die Warentarifnummer (hier WARENVERZEICHNISNR genannt) sowie die Güterklassifizierung (hier AUSFUHRLISTEN-POSITION). Diese ermöglichen es dem GTS-System, Einzelgenehmigungen einem Ausfuhrvorgang direkt zuzuordnen.

Neues Gut erfassen

Güterbezeichnung 1: *	CNC-Lathe Centre
Güterbezeichnung 2:	Drehmaschine Mustermann XYZ
Güterbezeichnung 3:	
Güterbezeichnung 4:	
Hersteller:	Mustermann GmbH
Typ:	ABC 4711
Warenverzeichnisnr: *	nicht bekannt 84581120
Ausfuhrlisten-Position:: *	2B001
Gesamtwert der Güter: *	150.000
Menge: *	1
Dimension: *	Stück

Speichern Abbruch

Abbildung 6.22: ELAN-K2, Gut erfassen

6.6.2 Allgemeine Genehmigung (AGG)

Allgemeine Genehmigungen sind eine Sonderform von Ausfuhrgenehmigungen. Sie haben die gleichen Wirkungen wie alle anderen Ausfuhrgenehmigungen, müssen aber nicht explizit beantragt werden. Allgemeine Genehmigungen werden vielmehr von Amts wegen bekannt gegeben und haben zur Folge, dass automatisch alle Ausfuhren genehmigt sind, die die Voraussetzungen der jeweiligen Allgemeinen Genehmigung erfüllen. Damit bieten sie den Ausführern die Vorteile einer sofortigen Liefermöglichkeit und Planungssicherheit für die Dauer der Gültigkeit der jeweiligen Allgemeinen Genehmigung.

Die Inanspruchnahme einer Allgemeinen Genehmigung ist beim BAFA vor der ersten Ausfuhr oder innerhalb von 30 Tagen danach anzuzeigen. Die Registrierung und eventuelle notwendige Meldungen sind elektronisch mit dem vom BAFA angebotenen ELAN-K2-Ausfuhrsystem durchzuführen.

Um die geeignete Allgemeine Genehmigung zu finden, hat das BAFA eine Suchmaschine zur Verfügung gestellt, den *AGG-Finder*. Dieser ist ebenfalls auf der Internetseite des BAFA unter folgendem Link aufzurufen:

https://elan1.bafa.bund.de/bafa-portal/agg-finder/

In den AGG-Finder geben Sie das BESTIMMUNGSLAND Ihres Exports sowie die Güterlistennummer, hier GÜTERLISTENKENNZEICHEN genannt, ein. Dazu reicht es, wenn Sie z. B. *3A001* eintragen. Die restlichen Zeichen werden aus der Datenbank vervollständigt.

AGG-Finder

Prüfen Sie direkt hier, ob für Ihren Exportvorgang eine Allgemeine Genehmigung (AGG) verwendet werden kann.

Bitte beachten Sie, dass bei den Ergebnissen des AGG-Finders die Allgemeinen Genehmigungen **AG13 und AG25** wegen der Vielgestaltigkeit der Fallgruppen **keine Berücksichtigung** finden.
Beachten Sie bitte weiterhin, dass Sie die Allgemeinen Genehmigungen in eigener Verantwortung anwenden, da Sie beim BAFA keinen Antrag stellen und das BAFA somit Ihr Ausfuhrvorhaben nicht überprüft. **Wenn mögliche Allgemeine Genehmigungen angezeigt werden, müssen Sie prüfen ob Sie die Allgemeine Genehmigung nutzen können. Der AGG-Finder ersetzt nicht die eigenverantwortliche Prüfung!**
Lesen Sie daher die jeweilige Allgemeine Genehmigung sorgfältig und achten Sie besonders auch auf die Nebenbestimmungen. Der Wortlaut darf insbesondere nicht durch eigene Interpretationen erweitert werden.

Suche nach Bestimmungsland* — SCHWEIZ (CH)

Güterlistenkennzeichen* — C3A001A01 00: IC, STRAHLUNGSFEST

Finden

Abbildung 6.23: AGG-Finder

Unterteilung der Güterlisten

Die Allgemeinen Genehmigungen werden mit dem Eingeben der Güterlistenkennzeichen ermittelt. Die Datenbank des BAFA setzt dem Kennzeichen noch eine Gruppierung voran, hier z. B. ein C.

Ein Klick auf FINDEN, und die Datenbank zeigt eine mögliche Allgemeine Genehmigung.

Ergebnisse der AGG-Suche

Ihre Suche ergab 1 Treffer.

Prüfen Sie unbedingt, ob es Bedingungen gibt, aufgrund derer Sie die angezeigte/en AGGen nicht verwenden können. Klicken Sie hierzu in der Spalte Bedingungen auf "jetzt ansehen!"

Kurzname	Name der Verfahrenserleichterung	Bedingungen
EU001	AGG Nr. EU001 - Dual-use Güter in 8 Länder	jetzt ansehen!

Abbildung 6.24: AGG-Finder – Treffer

Auf der Internetseite des BAFA werden regelmäßig die aktuellen Wortlaute, Wertgrenzen, Bestimmungsländer und Gültigkeitsfristen bekannt gegeben. Neben den Allgemeinen Genehmigungen der Europäischen Union stehen derzeit 15 nationale Allgemeine Genehmigungen zur Verfügung.

Umsicht beim Verwenden der AGG

Die Verwendung von Allgemeinen Genehmigungen (AGG) ist grundsätzlich nur unter bestimmten Voraussetzungen erlaubt. Nutzen Sie eine Allgemeine Genehmigung, obwohl deren Voraussetzungen in Wahrheit nicht vorliegen, vollziehen Sie eine ungenehmigte Ausfuhr und begehen damit unter Umständen eine Straftat!

6.7 Genehmigungsarten in GTS

Ob Einzel-, Allgemein- oder Sammelgenehmigung, die unterschiedlichen Genehmigungsarten müssen nun in GTS abgebildet werden. Dort werden sie als Stammdaten im Bereichsmenü des Compliance Managements unter GESETZLICHE KONTROLLE • EXPORT gepflegt. Hier können sie angelegt, bearbeitet oder auch nur angezeigt werden.

Genehmigungen sind Stammdaten

Ausfuhrgenehmigungen werden im SAP-System generell wie Stammdaten behandelt.

Je nach Umfang der Ausfuhrkontrolle und Sensibilität eines genehmigungspflichtigen Exports, können mehrere Genehmigungsarten greifen. So sehen beispielsweise einige Allgemeine Genehmigungen eine genehmigungsfreie Ausfuhr für Dual-Use-Waren in bestimmte Länder oder unterhalb einer bestimmten Wertgrenze vor. Insgesamt steht aber eine Vielzahl unterschiedlicher Allgemeiner Genehmigungen zur Auswahl. In der Regel müssen diese nicht alle abgebildet werden, sondern nur die wenigen, die für den firmeninternen Prozess von Bedeutung sind.

Beispiel einer Fräsmaschine

Eine Werkzeugmaschine mit der Warentarifnummer 8459 5100 soll in die Schweiz und nach Bangladesch exportiert werden. Der Elektronische Zolltarif (EZT) zeigt die Ausfuhrmaßnahme »Dual-Use« an, unter anderem die Nummer 2B001. Die Eigenschaften der Maschine entscheiden über die zutreffende TARIC-Maßnahme, wie für die Digitalkamera beschrieben. Wir nehmen für dieses Beispiel an, dass diese Dual-Use-Klassifizierung zutrifft. Im AGG-Finder kann nun nach einer Allgemeinen Genehmigung gesucht werden. Hier findet die Datenbank die AGG EU001 für acht Länder, nämlich für Australien, Japan, Kanada, Neuseeland, Norwegen, Schweiz einschließlich Liechtenstein sowie die Vereinigten Staaten von Amerika. Ein Export der gleichen Maschine nach Bangladesch kann aber unter Umständen ebenfalls im Zuge einer Allgemeinen Genehmigung erfolgen, nämlich bei einem Warenwert von nicht mehr als 5000 Euro. Ist der Warenwert jedoch höher, muss eine Einzelgenehmigung beantragt werden.

Was folgt nun aus dem Prozedere der unterschiedlichen Genehmigungsarten für ein und dasselbe Produkt? GTS muss die geeignete Genehmigung im System zuordnen können. Somit muss eine Findungsstrategie gepflegt und zugewiesen werden, nach der das System vorgeht.

Im Bereich der Genehmigungsart definieren Sie, welche Objekte geprüft werden sollen. Die Einstellungen werden im Customizing des GTS-Systems vorgenommen, und zwar unter dem Pfad GLOBAL TRADE SERVICES • COMPLIANCE MANAGEMENT • GESETZLICHE KONTROLLE • ARTEN VON GENEHMIGUNGEN DEFINIEREN. Hier finden Sie die im Auslieferungssystem enthaltenen Genehmigungsarten

- General License (*Allgemeine Genehmigung*),
- Individual Validated License (Germany) (*Einzelgenehmigung*),
- Individual Validated License – Partner Function Spec. (Germany) (Einzelgenehmigung partnerrollenspezifisch),
- Collective Export License (*Sammelgenehmigung*).

Möchten Sie, dass das System eine Allgemeine Genehmigung zuordnet, müssen Sie aus den in Abbildung 6.25 gezeigten Einstellungen wählen.

AGG der EU und des BAFA

Neben den von der EU-Kommission ausgegebenen Allgemeinen Genehmigungen gibt es nationale, die vor einer Einzelgenehmigung zu verwenden sind.

In unserem Beispiel sollen die AUßENHANDELSORGANISATION, die KONTROLLKLASSE (Güterlistenklassifizierung) und das BESTIMMUNGS-/ABGANGSLAND geprüft werden. Nur, wenn alle Auswahlkriterien eines Beleges zutreffen, kann die entsprechende Allgemeine Genehmigung zugordnet werden.

Abbildung 6.25: Genehmigungsart definieren

Die Verwendung einer Allgemeinen Genehmigung kann einen Exportprozess bedeutend beschleunigen. Demgegenüber kann ein Antrag auf Einzelgenehmigung schon einmal mehrere Monate in Anspruch nehmen, in denen die wirtschaftsrelevanten Daten des Empfängers und das Produkt vom BAFA genau überprüft werden.

Bei der Definition der Einzelgenehmigung sollte sinnvollerweise auch die BELEGNUMMER zur Findung herangezogen werden. So kann die Ausfuhrgenehmigung sofort dem Verkaufsbeleg zugeordnet werden.

Bei Höchstbetragsgenehmigungen, beispielsweise im Zuge eines Rahmenvertrages, ist eine WERTFORTSCHREIBUNG hilfreich (siehe Abbildung 6.26), um den Überblick über den noch offenen Genehmigungsbetrag zu behalten. Als Basis dient der *Warenwert* der Genehmigung. In weiteren Eingaben können eine erlaubte WERTÄNDERUNG sowie eine PROZENTUALE ÜBER- und UNTERSCHREITUNG definiert werden.

Fortschreibung

☑ Wertfortschreibung	Basis Wertfortschr.	Warenwert
Ebene Wertzuordnung	Produktübergreifende Angabe des Höchstwertes	
Wertänderung	Keine Höchstwertänderung möglich	
Proz. Überschreitung	Prozentuale Überschreitung auf Basis Gesamtwert	
Proz. Unterschreitung	Keine prozentuale Unterschreitung	
☐ Niedrigwertprüfung	Aggregationsregel	
Kurstyp		
☐ Mengenfortschreibung	Basis Mengenfortschr.	
Ebene Mengenzuordnung	Produktübergreifende Angabe der Höchstmenge	
Mengenänderung	Keine Höchstmengenänderung möglich	
Proz. Überschreitung	keine prozentuale Überschreitung	
Proz. Unterschreitung	Keine prozentuale Unterschreitung	
☐ Niedrigmengenprüfung	Aggregationsregel	

Abbildung 6.26: Definition Einzelgenehmigung, Wertfortschreibung

Bei jeder Einzelausfuhrgenehmigung wird nach dem Endverwender und dem Verwendungszweck gefragt. Diese müssen dem BAFA schriftlich dargelegt werden. Für diesen Zweck und zur schnelleren Bearbeitung bietet das BAFA auf seiner Seite sogenannte *Endverbleibserklärungen* zum Download an, die vom Kunden im Bestimmungsland ausgefüllt und unterschrieben werden müssen.

In der Regel sind Warenlieferungen für zivile Zwecke bestimmt. Befinden sich Ihr Kundenstamm wie auch Ihre Materialien außerhalb von polizeilicher und militärischer Nutzung, kann eine Überprüfung der Endverwendung, wie in Abbildung 6.27 dargestellt, ausbleiben. Es gibt in Deutschland durchaus Rüstungsbetriebe, deren Produkte eindeutig keinen zivilen, sondern einen militärischen Hintergrund haben. Auch bei wechselnder Endanwendung bedingt durch den Kundenkreis besteht im Bereich MILITÄRISCHE/ZIVILE NUTZUNG UND EINORDNUNG die Möglichkeit, diese Prüfung zu aktivieren.

Militärische/zivile Nutzung und Einordnung

Prüflevel Verwendung	Keine Prüfung	
Partnergr. Verwendung Partner		
Militärische/zivile Verwendung		
Prüflevel Einordnung	Keine Prüfung	
Partnergr. Einordnung Partner		
☐ Raketentechnologie	☐ Chem./Biolog.Kriegf.	☐ Drogen
☐ Nationale Sicherheit	☐ Nukl.Nichtweitergabe	

Abbildung 6.27: Genehmigung definieren – zivile Nutzung

6.8 Status einer Genehmigung

Von der Antragstellung bis zur Erteilung einer Genehmigung gehen in der Regel einige Wochen ins Land. Daher ist es notwendig, einer Genehmigung unterschiedliche Status zwecks Freigabe eines Exportvorgangs zuordnen zu können. Diese Status können unter dem Pfad GLOBAL TRADE SERVICES • COMPLIANCE MANAGEMENT • GESETZLICHE KONTROLLE • GESETZLICHE KONTROLLE STEUERN im Ordner ZULÄSSIGE STATUS generiert werden. Es bieten sich folgende Status an:

- beantragt,
- erteilt,
- abgelaufen oder
- abgelehnt.

Es können bei Bedarf weitere Status erfasst werden, dabei bleibt die genaue Formulierung Ihnen überlassen (Abbildung 6.28).

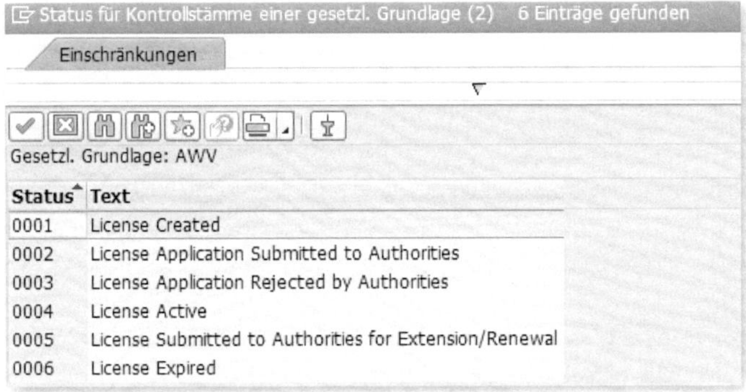

Abbildung 6.28: Status einer Einzelgenehmigung.

Erst wenn der Status auf *erteilt/freigegeben* gesetzt wird, kann die Genehmigung zugeordnet werden. Nur eine gültige und aktive Genehmigung kann zur Freigabe eines Beleges herangezogen werden. Abgelaufene Genehmigungen sind keinem Verkaufsbeleg mehr zuweisbar.

6.9 Genehmigungen im System finden

Neben den Allgemeinen Genehmigungen sind im System nun auch die Einzelgenehmigungen definiert worden. Wie beschrieben, wird die gesetzliche Kontrolle hierfür aber nur aktiv, wenn der Produktstamm entsprechend klassifiziert wurde. Wird ein Material erfasst und findet das System keine Genehmigung, sperrt GTS den Beleg. Eine manuelle Zuweisung der Genehmigung ist jedoch im Bereichsmenü des GTS-Mandanten unter dem Pfad GLOBAL TRADE SERVICES • COMPLIANCE MANAGEMENT • GESETZLICHE KONTROLLE-EXPORT, AUSFUHRGENEHMIGUNG ÄNDERN möglich (Abbildung 6.29).

Abbildung 6.29: Ausfuhrgenehmigung ändern

Die Definition eines *Findungsschemas* kann diesen manuellen Vorgang jedoch überflüssig machen. Im GTS-Customizing (GLOBAL TRADE SERVICES • COMPLIANCE MANAGEMENT • GESETZLICHE KONTROLLE • FINDUNGSSCHEMA ZUR AUTOMATISCHEN FINDUNG VON GENEHMIGUNGSARTEN DEFINIEREN) können diese Findungsstrategien definiert werden.

Im Auslieferungs-Customizing werden einige Findungsschemata mitgeliefert, diese können Sie bei Bedarf kopieren und anpassen. Abbildung 6.30 zeigt ein FINDUNGSSCHEMA, welches aus zwei Schritten besteht.

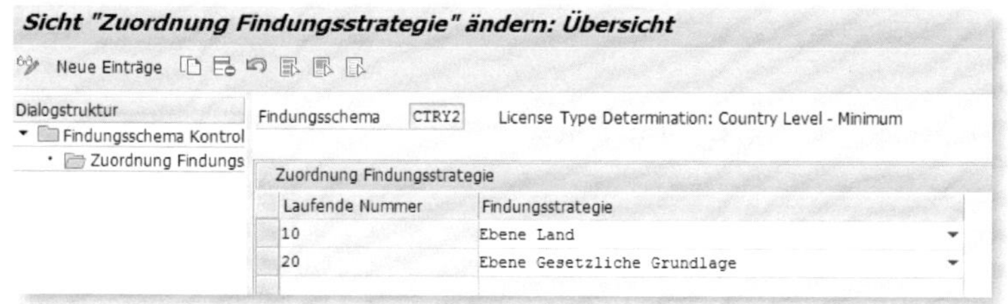

Abbildung 6.30: Findungsstrategie

Hierbei soll das System eine Genehmigung zunächst auf Basis des Bestimmungslandes ermitteln. Ist die Suche nicht erfolgreich, kommt die zweite Findungsstrategie zum Zuge: das Aufspüren auf Basis der gesetzlichen Grundlage. Je nach Definition kann eine Findungsstrategie vier, fünf oder mehr Suchfolgen durchlaufen. Findet das System dabei keine Genehmigung, wird die betroffene Belegposition gesperrt.

Im Bereichsmenü von GTS können Sie sich die vorhandenen Findungsstrategien anzeigen lassen. Gehen Sie dazu in das Compliance Management zu GESETZLICHE KONTROLLE • EXPORT • FINDUNGSSTRATEGIE GENEHMIGUNGSART • FINDUNGSSTRATEGIE ANZEIGEN (Abbildung 6.31).

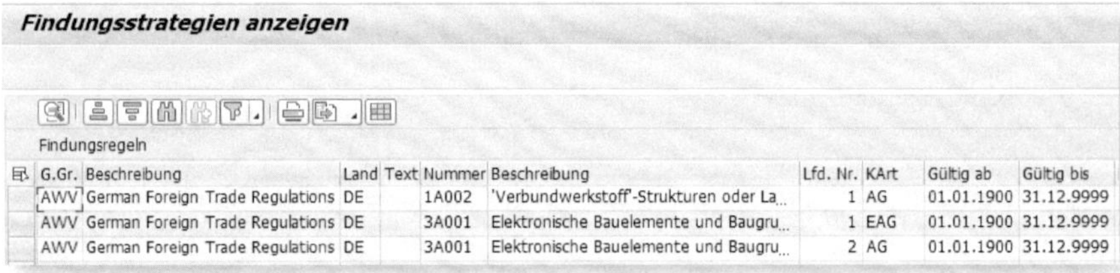

G.Gr.	Beschreibung	Land	Text	Nummer	Beschreibung	Lfd. Nr.	KArt	Gültig ab	Gültig bis
AWV	German Foreign Trade Regulations	DE		1A002	'Verbundwerkstoff'-Strukturen oder La...	1	AG	01.01.1900	31.12.9999
AWV	German Foreign Trade Regulations	DE		3A001	Elektronische Bauelemente und Baugru...	1	EAG	01.01.1900	31.12.9999
AWV	German Foreign Trade Regulations	DE		3A001	Elektronische Bauelemente und Baugru...	2	AG	01.01.1900	31.12.9999

Abbildung 6.31: Vorhandene Findungsstrategien

Die hier gezeigten Findungsstrategien basieren auf der gesetzlichen Grundlage des Deutschen Außenwirtschaftsgesetzes für die Klassifizierungen *1A002*, *3A001* sowie auf den Kontrollstammarten Allgemeine Genehmigung (*AG*) und Einzelausfuhrgenehmigung (*EAG*).

Im besten Fall soll GTS zwischen vorhandenen und nationalen Allgemeinen Genehmigungen sowie Einzelgenehmigungen die richtige und aktuell gültige Genehmigung finden und dem Beleg zuordnen.

6.10 Antrag einer Genehmigung in GTS

Möchten Sie eine Genehmigung aus GTS heraus beantragen, wählen Sie im Bereichsmenü den Pfad COMPLIANCE MANAGEMENT • GESETZLICHE KONTROLLE • EXPORT • AUSFUHRGENEHMIGUNG PFLEGEN.

Gehen Sie auf AUSFUHRGENEHMIGUNG ANLEGEN. In der Auswahlhilfe klicken Sie die gewünschte GESETZLICHE GRUNDLAGE sowie die GENEHMIGUNGSART an, Abbildung 6.32.

Abbildung 6.32: Genehmigung anlegen

Bestätigen Sie Ihre Eingaben mit und geben Sie die notwendigen Daten zur Ausfuhrgenehmigung ein (Abbildung 6.33).

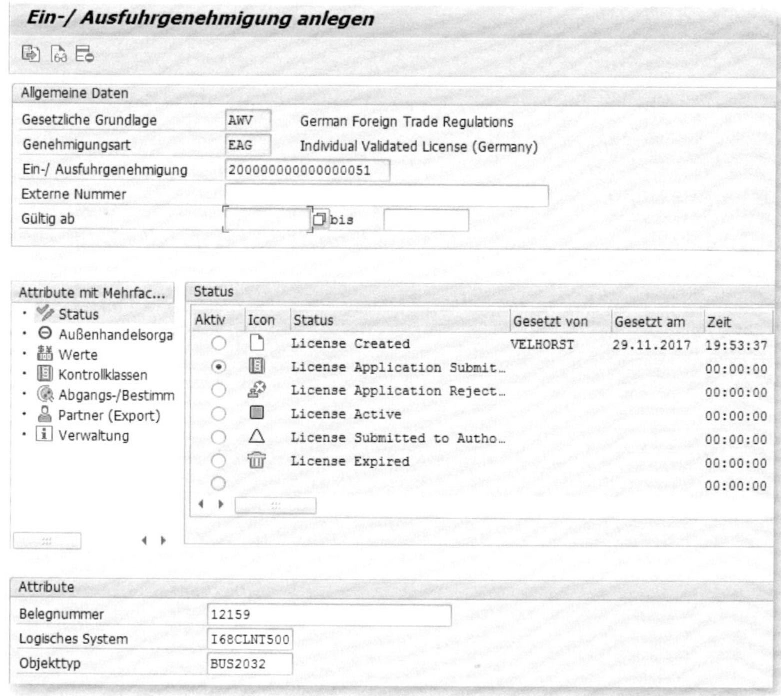

Abbildung 6.33: Ausfuhrgenehmigung anlegen, Detailansicht

Als GESETZLICHE GRUNDLAGE für die Einzelgenehmigung wird hier wieder das deutsche Außenhandelsgesetz (*AWV*) herangezogen. Eine Nummer der EIN-/AUSFUHRGENEHMIGUNG generiert das System automatisch im vorgegebenen Nummernintervall. Die EXTERNE NUMMER sowie der Gültigkeitszeitraum der Genehmigung werden eingetragen, sobald der positive Bescheid vom BAFA mit diesem Kennzeichen übermittelt wurde.

Im Bereich der ATTRIBUTE MIT MEHRFACHAUSPRÄGUNG sollte bei Antragsstellung der Status auf *License created* oder, wie hier, auf *License Application Submitted* gesetzt werden. Im weiteren Verlauf der Antragstellung muss der Status zu *License Active* oder *License submitted …* wechseln (vgl. dazu Abschnitt 6.14).

Wählen Sie unter AUßENHANDELSORGANISATION diejenige aus, der die Genehmigung zugeordnet werden soll.

Außenhandelsorganisation für Ausfuhrgenehmigung

Je nach Geschäftsvorfall kann eine Exportsendung der Ausfuhrkontrolle Deutschlands sowie der Ausfuhrkontrolle der USA unterliegen, sollte ein deutsches Unternehmen mit einem US-amerikanischen verbunden sein. Unter Umständen müssen dann für eine Ausfuhr zwei Ausfuhrgenehmigungen beantragt werden. Für die deutsche Ausfuhrgenehmigung muss die deutsche Außenhandelsorganisation gewählt werden.

Die Daten für WERTE und KONTROLLKLASSEN entnehmen Sie den Details des Verkaufsbeleges. Der Wert entspricht dem Verkaufspreis, die Kontrollklassen der Güterklassifizierung, z. B. 2B001.

Im Bereich der ATTRIBUTE im unteren Bereich des Antrages können Sie die BELEGNUMMER zum Verkauf sowie das LOGISCHE SYSTEM (vgl. Abschnitt 1.5) und den OBJEKTTYP pflegen.

Automatische Zuweisung der Genehmigung

Die Informationen zum Logischen System und Objekttyp können Sie vom System ausfüllen lassen, wenn Sie Ihren Beleg über die Auswahlhilfe suchen. Mit der Zuweisung des Verkaufsbelegs kann GTS nach Erteilung der Ausfuhrgenehmigung den Vorgang automatisch zuordnen.

Mit dem Abspeichern des Vorgangs kann, je nach Einstellung, eine automatische Übermittlung der Daten erfolgen.

6.11 Reaktionen des Systems bei nicht vorhandener Genehmigung

Wird im Tagesgeschäft ein Auftrag in das System eingegeben, von dem der Anwender nicht im Vorhinein weiß, dass dieser genehmigungspflichtig ist, so weist das System den Mitarbeiter darauf hin.

Das entsprechende Dialogfenster zeigt eine Übersicht über die im Hintergrund erfolgten Prüfungen (siehe Abbildung 6.34). Der Beleg wurde zunächst der Embargoprüfung unterzogen und freigegeben. Die dann erfolgte Sanktionslistenprüfung ergab ebenfalls keinen Grund zur Sperre. Aber die Prüfung der gesetzlichen Kontrolle auf Produktebene hat eine Genehmigungspflicht identifiziert und keine entsprechende Genehmigung gefunden. Der Beleg wurde daher gesperrt.

```
uftrag anlegen: Übersicht

:nznummer eines Belegs aus dem Vors Fehler
.on Service                                       Status

                          Gesperrt / Geprüft
   Zollbeleg                                      Gesperrt / Geprüft
10 Embargoprüfung                                 Frei / Geprüft
10 Sanktionslistenprüfung                         Frei / Geprüft
10 Gesetzliche Kontrolle                          Gesperrt (Genehmigung)
```

Abbildung 6.34 : Sperre Verkaufsbeleg

6.12 Überprüfung gesperrter Belege

Die gesperrten Belege können nun geprüft und je nach Sachverhalt weiterbearbeitet oder freigegeben werden. Diese Aufgabe bedarf natürlich größter Umsicht und sollte daher nur von geschulten Mitarbeitern übernommen werden. Die Einsicht in die gesperrten Belege erfolgt im Bereichsmenü des GTS-Systems im COMPLIANCE MANAGEMENT • GESETZLICHE KONTROLLE • EXPORT, IM BEREICH MONITORING GESPERRTE BELEGE ANZEIGEN. Nach Eingabe der gesetzlichen Kontrolle und Klick auf AUSFÜHREN zeigt das System (Abbildung 6.35) eine Übersicht der gesperrten Exportbelege. Wählen Sie den gewünschten Vorgang aus.

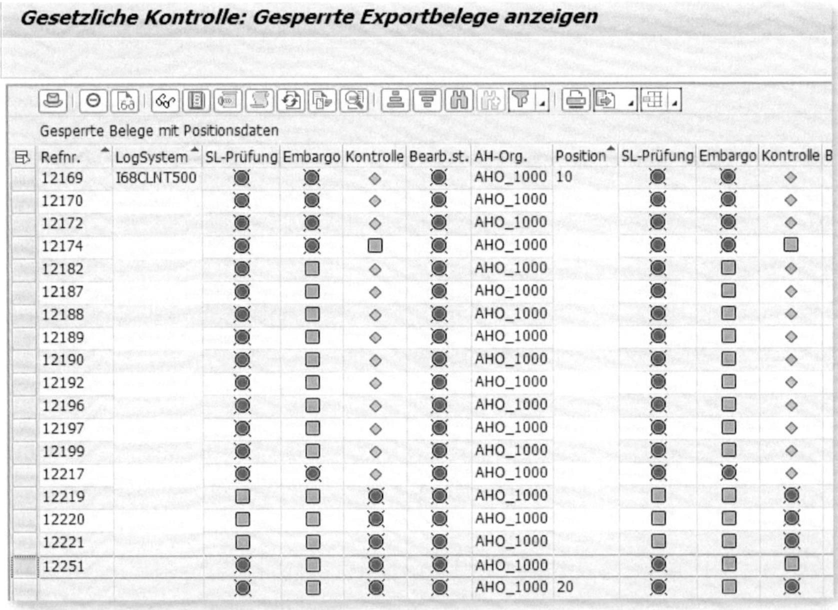

Gesetzliche Kontrolle: Gesperrte Exportbelege anzeigen

Gesperrte Belege mit Positionsdaten

Refnr.	LogSystem	SL-Prüfung	Embargo	Kontrolle	Bearb.st.	AH-Org.	Position	SL-Prüfung	Embargo	Kontrolle	B
12169	I68CLNT500					AHO_1000	10				
12170						AHO_1000					
12172						AHO_1000					
12174						AHO_1000					
12182						AHO_1000					
12187						AHO_1000					
12188						AHO_1000					
12189						AHO_1000					
12190						AHO_1000					
12192						AHO_1000					
12196						AHO_1000					
12197						AHO_1000					
12199						AHO_1000					
12217						AHO_1000					
12219						AHO_1000					
12220						AHO_1000					
12221						AHO_1000					
12251						AHO_1000					
						AHO_1000	20				

Abbildung 6.35: Gesperrte Exportbelege anzeigen

Lassen Sie sich nun das Protokoll zum Beleg anzeigen, indem Sie das Icon aktivieren. Das System zeigt daraufhin ein detailliertes Prüfprotokoll, Abbildung 6.36.

Abbildung 6.36: Protokoll eines gesperrten Beleges

Hier kann der Anwender erkennen, welche Prüfungen durchgeführt wurden. Ebenfalls werden die Findungsstrategien in der angelegten Zugriffsfolge angezeigt. Bei der Kontrolle der ersten Position in diesem Beleg wurde die Embargoprüfung erfolgreich durchgeführt, jedoch ohne Befund. Daher der Hinweis mit dem kleinen Quadrat, welches im System grün dargestellt wird. Die nachfolgende Sanktionslistenprüfung wurde ebenfalls durchgeführt, das Ergebnis ist jedoch mit einem roten Kreis dargestellt. Hier wurde der Empfänger aufgrund eines Eintrags einer Boykottliste identifiziert. Die dritte und letzte Prüfung ist dann die gesetzliche Kontrolle. Es konnte keine Ein-/Ausfuhrgenehmigung ermittelt werden. Der Beleg wurde gesperrt.

6.13 Antragstellung einer Genehmigung aus dem Protokoll

Wie Sie eine Ausfuhrgenehmigung separat beantragen können, habe ich Ihnen in Abschnitt 6.10 dargestellt. Es besteht aber zusätzlich die Option, aus dem Prüfprotokoll heraus eine Genehmigung zu beantragen. Sie können hier wählen zwischen *Genehmigung (alle gesperrten Positionen)* oder *Genehmigung (für ausgewählte Position)*.

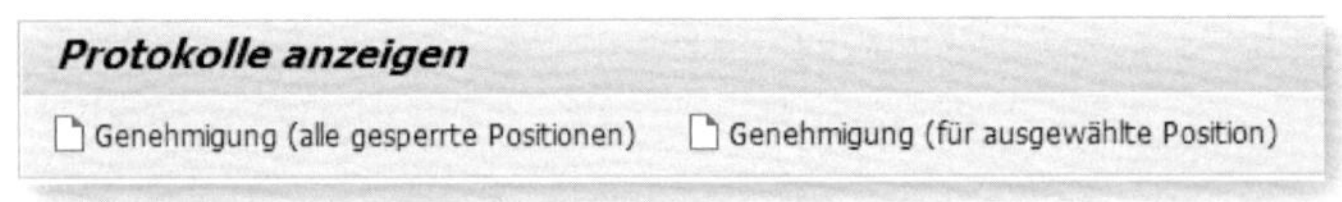

Abbildung 6.37: Genehmigung anlegen aus Protokoll

Möchten Sie nur für eine bestimmte Position die Genehmigung beantragen, markieren Sie diese im Protokoll und aktivieren den Button GENEHMIGUNG (FÜR AUSGEWÄHLTE POSITION). Das System öffnet die Ansicht EIN-/AUSFUHRGENEHMIGUNG ANLEGEN, vgl. Abbildung 6.32. Die Genehmigung kann nun direkt angelegt und beantragt werden.

In den Einstellungen zur Genehmigungsart besteht die Möglichkeit, die KOMMUNIKATION zum Bundesamt für Wirtschaft und Ausfuhrkontrolle (BAFA) zu aktivieren. Somit kann aus dem GTS heraus direkt die Antragstellung erfolgen, Abbildung 6.38.

Abbildung 6.38: Kommunikation mit Bundesausfuhramt

6.14 Zuordnung einer Genehmigung

Nach einiger Zeit erfolgt dann die Übermittlung der Ausfuhrgenehmigung. Je nach Sachverhalt kann dies einige Wochen bis Monate dauern. Eventuell fehlende Dokumente verzögern natürlich die Antragsbearbeitung beim BAFA. Ist die Genehmigung schließlich erteilt, muss sie dem Verkaufsbeleg zugewiesen und der Vorgang dann freigegeben werden.

Dazu muss die Genehmigung im Bereichsmenü unter COMPLIANCE MANAGEMENT: GESETZLICHE KONTROLLE • EXPORT, AUSFUHRGENEHMIGUNG ÄNDERN bearbeitet werden. Rufen Sie Ihre offene Genehmigung im Änderungsmodus auf. Geben Sie die EXTERNE NUMMER der Genehmigung, die sich auf dem Original der BAFA befindet, sowie den Gültigkeitszeitraum ein. Ändern Sie im Bereich ATTRIBUTE MIT MEHRFACHAUSPRÄGUNG den Status von *License Created* (angelegt) auf *License Active* (erteilt).

Im Bereich ATTRIBUTE weisen Sie, sofern noch nicht gemacht, Ihren Verkaufsbeleg zu, hier im Beispiel die Belegnummer als Auftragsnummer aus dem SAP-Vorsystem (Abbildung 6.39), und speichern Ihre Eingaben.

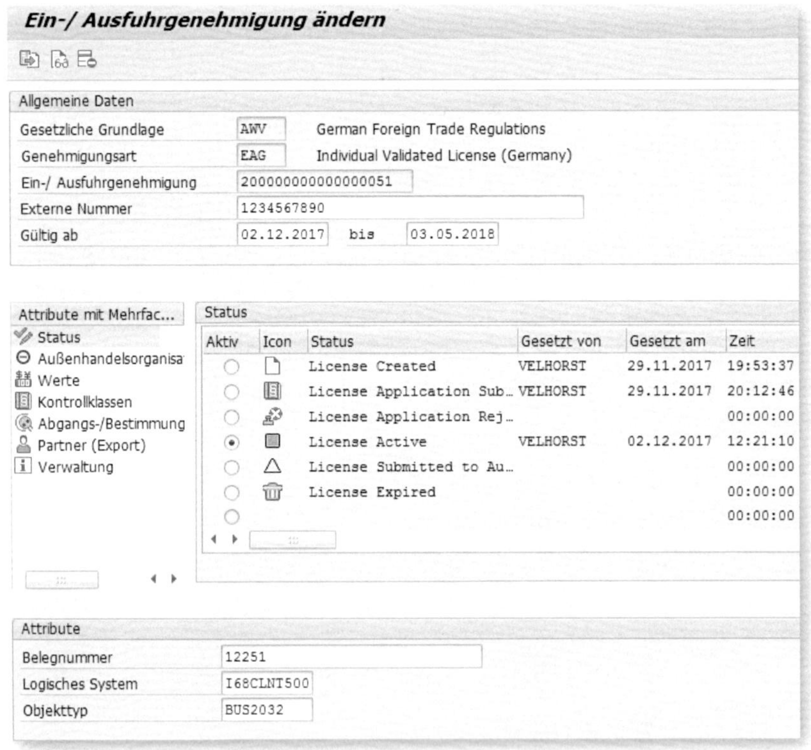

Abbildung 6.39: Genehmigung zuordnen und freigeben

Nach der Zuordnung der Genehmigung sollte das Prüfprotokoll keinen weiteren Sperrgrund aufweisen. Der Beleg wurde freigegeben.

6.15 Ausfuhranmeldung

Durch Zuordnung der Genehmigung können nun die weiteren logistischen Schritte sowie die Beantragung der Ausfuhranmeldung erfolgen. Mit dem Erstellen der Faktura wird in GTS die Ausfuhranmeldung repliziert. Sie finden die entsprechenden Ausfuhrvorgänge im GTS-Bereichsmenü im CUSTOMS MANAGEMENT: EXPORT, MONITORING • ZOLLANMELDUNGEN ANZEIGEN. Wählen Sie AUSFÜHREN, zeigt das System eine Übersicht der vorhandenen Exportzollanmeldungen, Abbildung 6.40.

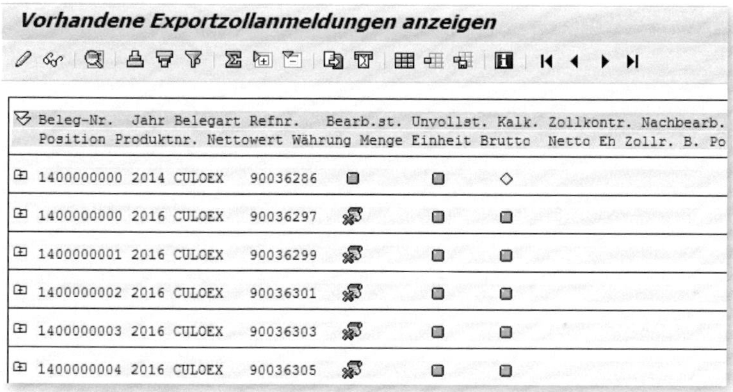

Vorhandene Exportzollanmeldungen anzeigen

Beleg-Nr.	Jahr	Belegart	Refnr.	Bearb.st.	Unvollst.	Kalk.	Zollkontr.	Nachbearb.
Position	Produktnr.	Nettowert	Währung	Menge	Einheit	Brutto	Netto	Eh Zollr. B. Po
1400000000	2014	CULOEX	90036286					
1400000000	2016	CULOEX	90036297					
1400000001	2016	CULOEX	90036299					
1400000002	2016	CULOEX	90036301					
1400000003	2016	CULOEX	90036303					
1400000004	2016	CULOEX	90036305					

Abbildung 6.40: Vorhandene Zollanmeldungen

Lassen Sie sich die gewünschte Exportzollanmeldung anzeigen, indem Sie den entsprechenden Beleg markieren und auf klicken (siehe Abbildung 6.40). In der Zollanmeldung (Abbildung 6.41) gehen Sie auf den Reiter KOMMUNIKATION.

Ausfuhranmeldung mit Proforma-Rechnung

Im Außenhandel werden oft sogenannte Proforma-Rechnungen verwendet. Bei kostenlosen Mustersendungen oder vorübergehenden Ausfuhren zum Zwecke einer Teilnahme an einer Messe ist dies beispielsweise der Fall. Daher sollten auch Proforma-Rechnungen in den Customizing-Einstellungen als relevant für Ausfuhranmeldungen gekennzeichnet werden.

Genehmigungspflichtige Warenlieferungen sind in der Regel von Vereinfachungen bei der Zollabwicklung ausgenommen. In diesem Fall muss der Weg des zweistufigen *Normalverfahrens ohne Gestellungsbefreiung* eingehalten werden. Die Waren müssen dem Zoll zur Beschau bereitgestellt werden.

Daher wählt GTS hier das entsprechende Verfahren *Complete Declaration – Normal Procedere* und die Nachricht *M0910 Declaration for Export (DE)*.

Dieser Umstand wird auch in der nachfolgenden Ausfuhranmeldung durch die zugehörige Nachrichtenfindung deutlich. Für das Normalverfahren wurde die Nachrichtenart *M0910 – Declaration for Export (DE)* gefunden.

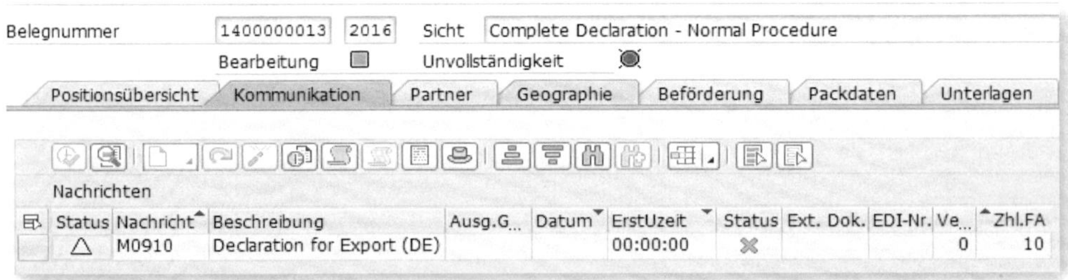

Abbildung 6.41: Ausfuhranmeldung

Gestellung

Die *Gestellung* ist die Mitteilung an die Zollbehörden, dass die Waren bei der Zollstelle oder einem anderen von den Zollbehörden bezeichneten oder zugelassenen Ort eingetroffen sind (Artikel 5 Nr. 33 UZK – Unionszollkodex).

Die Daten für die Ausfuhranmeldung entnimmt GTS den mittels RFC übergeleiteten Replikaten, also dem Auftrag, der Auslieferung und der Faktura.

6.15.1 Datenvorschlagswesen

Ferner ist es möglich, in GTS ein Datenvorschlagswesen auf Basis einer eigenen Konditionstechnik zu definieren. In diesem Datenvorschlagswesen kann z. B. bei bestimmten Empfangsländern immer der Transportweg »See« und damit die Grenzzollstelle »Hamburg-Waltershof« in die Ausfuhranmeldung eingetragen werden. Die Einstellungen dazu werden im Customizing des GTS-Mandanten unter GLOBAL TRADE SERVICES • CUSTOMS MANAGEMENT • DATENVORSCHLAGSWESEN definiert.

Mit derartigen Vorschlägen können und sollen manuelle Eingaben vermindert und damit Fehlern vorgebeugt werden. Allerdings ist es auch möglich, bereits vordefinierte Felder bei Bedarf zu überschreiben und etwa statt des gewohnten Seeverkehrs eine Luftfracht und damit eine andere Grenzzollstelle auszuwählen.

6.15.2 Die Übersicht behalten

Normalerweise hat ein Unternehmen, welches GTS implementiert hat, eine Fülle von Zollanmeldungen. Um hier stets auf dem aktuellen Stand zu bleiben und eventuelle Fehler bzw. Rückweisungen seitens der Zollverwaltung mit anderem Ursprung im Blick zu behalten, können die Ausgangsaktivitäten verwaltet und kontrolliert werden. Wählen Sie dazu im Bereichsmenü des GTS CUSTOMS MANAGEMENT • EXPORT. Im Reiter EXPORT im Bereich OPERATIVES COCKPIT finden Sie die Transaktion *Ausgangsaktivitäten anzeigen*, Abbildung 6.42. Wählen Sie dahinter das Icon AUSFÜHREN.

Abbildung 6.42: Ausfuhraktivitäten anzeigen

Nach nochmaligem AUSFÜHREN und Freilassen aller Datenfelder zeigt das System eine Übersicht der vorhandenen Zollanmeldungen mit den dazugehörigen Status (Abbildung 6.43).

Abbildung 6.43: Übersicht Ausfuhranmeldungen

Je nach ihrem Status werden die Zollanmeldungen in einem eigenen Ordner angezeigt. Die Übersicht offenbart im *Vollständigen Normalverfahren:*

- drei offene Ausfuhranmeldungen,
- keine Ausgangsbestätigungen,
- kein E-Mail-Ausfuhrbegleitdokument (ABD),
- keine gedruckte Ausfuhranmeldung (Druck),
- keine Überlassungsmitteilung und auch
- keinen Ausgangsvermerk.

Es sind außerdem keine vollständigen Ausfuhrverfahren im vereinfachten Verfahren dokumentiert.

6.16 Codierungen für die Ausfuhrkontrolle

Die Codierungen für die Ausfuhrkontrolle sind wichtige Daten, die ebenfalls vom Datenvorschlagswesen in eine Ausfuhranmeldung eingepflegt werden können. Sie werden regelmäßig vom Bundesministerium der Finanzen aktualisiert und auf der Seite der Zollverwaltung bekannt gegeben. Die Codes sind auf der Seite *www.zoll.de* unter dem Pfad FACHTHEMEN • ZÖLLE • ATLAS • ATLAS-PUBLIKATIONEN • MERKBLÄTTER FÜR TEILNEHMER einzusehen. Das Merkblatt trägt den Titel »Merkblatt des Bundesministeriums der Finanzen zu den Genehmigungscodierungen und zur elektronischen Anmeldung oder Online-Abschreibung genehmigungspflichtiger Ausfuhren im IT-Verfahren ATLAS-Ausfuhr«.

Merkblatt zu den Genehmigungscodierungen und zur elektronischen Anmeldung/Abschreibung genehmigungspflichtiger Ausfuhren im IT-Verfahren ATLAS-Ausfuhr

(Version 3.28.2 - Stand: 29. November 2017)

Ziel dieses Merkblatts ist es, über die Online-Anmeldung und Online-Abschreibung von genehmigungspflichtigen Ausfuhren zu informieren und einen Überblick über die außenwirtschaftsrechtlich relevanten Genehmigungscodierungen im Ausfuhrbereich zu geben. Darüber hinaus wird erläutert, wie die Erklärung, dass zur Ausfuhr angemeldete Güter keiner Ausfuhrgenehmigung bedürfen, zu codieren ist und welche Rechtswirkung die Angabe von Codierungen in einer Ausfuhranmeldung entfaltet.
Das Merkblatt basiert auf den derzeit auf europäischer und nationaler Ebene festgelegten Codierungen und erhebt angesichts der Vielzahl an genehmigungsrechtlichen Codierungen keinen Anspruch auf Vollständigkeit.
Mit Veröffentlichung dieser aktualisierten Fassung verliert das Merkblatt Version *3.28.1 - Stand: 19. Oktober 2017* - seine Gültigkeit. Dieses Merkblatt wird im Turnus von drei Monaten aktualisiert. Fachlich relevante Änderungen gegenüber der vorherigen Ausgabe werden in der folgenden Version *kursiv* kenntlich gemacht.

Gliederung:

1. **Welche Funktionalitäten bieten die elektronische Anmeldung/Abschreibung von genehmigungspflichtigen Ausfuhren?**
2. **Welchen Rechtsstatus hat die elektronische Anmeldung von Ausfuhren?**
3. **Welche Vereinfachungen und Pflichten ergeben sich für den Ausführer und den Anmelder aus der elektronischen Anmeldung/ Abschreibung von genehmigungspflichtigen Ausfuhren?**
4. **Welche außenwirtschaftsrechtlichen Genehmigungspflichten sind bei Ausfuhren in Länder außerhalb der Europäischen Union zu beachten?**
5. **Wie erfolgt die Umsetzung der Ausfuhrgenehmigungspflichten im Elektronischen Zolltarif (EZT)?**
6. **Welche Genehmigungsformen gibt es und welche werden abgeschrieben?**
7. **Was versteht man unter einem „Nullbescheid" des Bundesamts für Wirtschaft und Ausfuhrkontrolle (BAFA)?**
8. **Was ist bei der elektronischen Anmeldung von Ausfuhrgenehmigungen zu beachten?**

Abbildung 6.44: Merkblatt zu den Genehmigungscodierungen

7 Fazit/Ausblick

Mit SAP GTS wurde eine Lösung bereitgestellt, die viel Sicherheit in die außenhandelsrelevanten Abläufe bringen kann. Das A und O bei dieser Lösung sind zum einen die Kenntnisse um die Bedeutung der Zusammenhänge im Außenhandel und zum anderen die Stammdatenpflege über alle beteiligten Abteilungen in einem Unternehmen hinweg.

Die besondere Brisanz liegt dabei in den sich ständig ändernden Bedingungen im Außenhandel. Daher ist unbedingt darauf zu achten, dass die operativ agierenden Mitarbeiter sowie die Systemeinrichter stets auf dem aktuellen Stand sind. Nur wenn eine firmenübergreifende Kommunikation gelingt, können die weitreichenden Möglichkeiten des Systems gewinnbringend eingesetzt und SAP GTS zu einem wertvollen Instrument bei der Abwicklung von nahezu allen Außenhandelsthemen werden.

Diese Lektüre kann nur einen ersten Eindruck von der Komplexität und Sensibilität des Themas vermitteln. Ich hoffe, Sie haben mit diesen Einsichten in die Funktionsweisen von SAP GTS eine klarere Idee von den Zusammenhängen bekommen.

Wie wird sich SAP GTS voraussichtlich weiterentwickeln?

SAP entwickelt GTS für ERP-Systeme als Kernlösung für Zoll- und Außenhandel weiter, baut aber parallel dazu Funktionen für SAP 4/HANA auf, wie z. B. die neuen Intrastat-Funktionalitäten. Die Entwicklungen unter dem Namen „SAP S/4HANA for International Trade“ befinden sich im Aufbau, der Fortschritt kann derzeit auf den Seiten der SAP unter *https://news.sap.com/germany/aussenhandel_gts_s4hana/* verfolgt werden.

Sie haben das Buch gelesen und sind mit unserem Werk zufrieden? Bitte schreiben Sie uns eine Rezension!

Unser Newsletter

Wir informieren Sie über Neuerscheinungen und exklusive Gratisdownloads in unserem Newsletter.

Melden Sie sich noch heute an unter *http://newsletter.espresso-tutorials.com*

A Die Autorin

Kerstin Velhorst ist seit über 25 Jahren im Außenhandel tätig. Jahrelange praktische Erfahrungen im internationalen Ein- und Verkauf sowie beratende und schulende Einsätze in unterschiedlichsten Branchen haben für tiefe Detailkenntnisse in der zollrechtlichen Abwicklung gesorgt. Im Zuge dieser Tätigkeiten wurden seitens der Auftraggeber immer öfter SAP-spezifische Fragen aufgeworfen. 2010 erfolgte die Zertifizierung zum SAP-Berater Order Fulfillment, mehrere Spezialtrainings im Bereich GTS folgten.

Kerstin Velhorst verfügt mit 25 Jahren Erfahrung im Außenhandel über tiefe Detailkenntnisse in der zollrechtlichen Abwicklung. Mit der Zertifizierung zum SAP-Berater Order Fulfillment sowie mehreren Spezialtrainings im Bereich GTS ist sie bestens aufgestellt, um Anforderungen des Außenhandels in eine korrekte systemseitige Abbildung zu überführen.

B Index

J

K

L

M

N

O

P

R

S

T

V

W

Z

C Disclaimer

Die in diesem Werk wiedergegebenen Gebrauchsnamen, Handelsnamen, Warenbezeichnungen usw. können auch ohne besondere Kennzeichnung Marken sein und als solche den gesetzlichen Bestimmungen unterliegen. Sämtliche in diesem Werk abgedruckten Bildschirmabzüge unterliegen dem Urheberrecht der SAP SE, Dietmar-Hopp-Allee 16, 69190 Walldorf.

In dieser Publikation wird auf Produkte der SAP SE Bezug genommen. SAP, R/3, SAP NetWeaver, Duet, PartnerEdge, ByDesign, SAP BusinessObjects Explorer, StreamWork und weitere im Text erwähnte SAP-Produkte und Dienstleistungen sowie die entsprechenden Logos sind Marken oder eingetragene Marken der SAP SE in Deutschland und anderen Ländern. Business Objects und das Business-Objects-Logo, BusinessObjects, Crystal Reports, Crystal Decisions, Web Intelligence, Xcelsius und andere im Text erwähnte Business-Objects-Produkte und Dienstleistungen sowie die entsprechenden Logos sind Marken oder eingetragene Marken der Business Objects Software Ltd. Business Objects ist ein Unternehmen der SAP SE. Sybase und Adaptive Server, iAnywhere, Sybase 365, SQL Anywhere und weitere im Text erwähnte Sybase-Produkte und -Dienstleistungen sowie die entsprechenden Logos sind Marken oder eingetragene Marken der Sybase Inc. Sybase ist ein Unternehmen der SAP SE. Alle anderen Namen von Produkten und Dienstleistungen sind Marken der jeweiligen Firmen. Die Angaben im Text sind unverbindlich und dienen lediglich zu Informationszwecken. Produkte können länderspezifische Unterschiede aufweisen.

Der SAP-Konzern übernimmt keinerlei Haftung oder Garantie für Fehler oder Unvollständigkeiten in dieser Publikation. Der SAP-Konzern steht lediglich für Produkte und Dienstleistungen nach der Maßgabe ein, die in der Vereinbarung über die jeweiligen Produkte und Dienstleistungen ausdrücklich geregelt ist. Aus den in dieser Publikation enthaltenen Informationen ergibt sich keine weiterführende Haftung.

Weitere Bücher von Espresso Tutorials

Ilona Bauer:

Preisfindung und Konditionstechniken in SAP® SD

- Grundlagen der Preisfindung in SAP ERP
- Umsetzung eigener Preisfindungsstrategien
- Konditionstechniken in der Preisfindung
- Analyse der Preisfindung

http://5039.espresso-tutorials.com/

Jürgen Stuber, Jörg Siebert:

Umsatzsteuer mit SAP® ERP im internationalen Warenverkehr

- rechtliche Rahmenbedingungen und Systematik der Umsatzsteuer
- Meldewesen, Buchungen und Customizing in SAP ERP
- Handhabung grenzüberschreitender Warenlieferungen
- Umsatzsteuertheorie, kombiniert mit SAP-Einstellungen

http://4037.espresso-tutorials.de